Cómo Analizar a las Personas con el Lenguaje Corporal:

5 Secretos de Control Mental para Descifrar el Comportamiento Humano con Inteligencia Emocional, Manipulación, Psicología Oscura, Persuasión y PNL.

Table of Contents

Table of Contents 2

Introducción 7

Capítulo 1 - Una historia del lenguaje corporal 8

Capítulo 2 - El campo científico de la comunicación no verbal 13

Capítulo 3 - Cinésica 21

Capítulo 4 - Oculesia 28

Capítulo 5 - Proxémica 32

Capítulo 6 - Mitos sobre el lenguaje corporal que deberías conocer 36

Capítulo 7 - Cómo entender las señales no verbales y sus beneficios 44

Capítulo 8 - ¿Puedes detectar una mentira a través del lenguaje corporal? 55

Capítulo 9 - Lenguaje Corporal en Diferentes Culturas .. 64

Capítulo 10 - Los Cinco C's de la Comunicación No Verbal 73

Capítulo 11 - El Arte de la Seducción a Través del Lenguaje Corporal 81

Capítulo 12 - Cómo Mostrar Dominancia a Través del Lenguaje Corporal 87

Capítulo 13 - Causando una Gran Primera Impresión Utilizando el Lenguaje Corporal 97

Capítulo 14 - Mejorando el Impacto Personal a Través del Lenguaje Corporal 105

Capítulo 15 - Cómo el lenguaje corporal afecta al liderazgo 114

Capítulo 16 - Mejorando la técnica de ventas a través del lenguaje corporal 123

Capítulo 17 - Consejos de Lenguaje Corporal Durante una Entrevista de Trabajo 130

Capítulo 18 - Mostrando intención a través del lenguaje corporal 136

Capítulo 19 - Influir en tus emociones utilizando el lenguaje corporal 141

Conclusión 144

Derechos de autor 2024 por Robert Clear - Todos los derechos reservados.

El contenido contenido en este libro no puede ser reproducido, duplicado o transmitido sin el permiso escrito directo del autor o del editor.

En ningún caso se responsabilizará al editor o autor por cualquier daño, reparación o pérdida monetaria debido a la información contenida en este libro, ya sea directa o indirectamente.

Aviso Legal:

Este libro está protegido por derechos de autor. Es solo para uso personal. No puedes modificar, distribuir, vender, utilizar, citar o parafrasear ninguna parte, o el contenido dentro de este libro, sin el consentimiento del autor o editor.

Aviso legal:

Por favor, tenga en cuenta que la información contenida en este documento es únicamente con fines educativos y de entretenimiento. Se ha hecho todo el esfuerzo para presentar información precisa, actualizada, confiable y completa. No se declaran ni se implican garantías de ningún tipo. Los lectores reconocen que el autor no está brindando asesoramiento legal, financiero, médico o profesional. El contenido de este libro ha sido derivado de diversas fuentes. Por favor, consulte a un profesional con licencia antes de intentar cualquier técnica descrita en este libro.

Al leer este documento, el lector acepta que bajo ninguna circunstancia el autor es responsable de

cualquier pérdida, directa o indirecta, que se incurra como resultado del uso de la información contenida en este documento, incluyendo, pero no limitado a, errores, omisiones o inexactitudes.

Introducción

Todas las criaturas vivientes lo hacen. La comunicación a través del lenguaje corporal es algo incorporado en nuestra existencia misma.

Es posible que no lo sepas, pero de manera subconsciente ya estás comunicando tus sentimientos, tus pensamientos y tus emociones a través de movimientos corporales que pueden parecerte normales. Y esto funciona en ambas direcciones también.

Las personas con las que interactúas regularmente están constantemente hablando contigo o con alguien más sin pronunciar una sola palabra. Puede ser tan obvio como un guiño o tan sutil como los brazos cruzados.

Estas acciones, conscientes o no, pueden ser señales reveladoras de la intención de una persona. Se llama lenguaje corporal y aprender a leerlo o expresarte a través de él puede ayudarte a entender mejor la personalidad de alguien o comunicar tus pensamientos con mayor claridad.

Pero leer y expresarse a través del lenguaje corporal puede ser complicado sin una guía adecuada. Y de eso se trata este libro.

Con este libro, aprenderás todas las simplicidades y complejidades del lenguaje corporal humano. Serás capaz de interpretar y entender las señales no verbales que pueden ser importantes para construir relaciones duraderas con otras personas.

Capítulo 1 - Una historia del lenguaje corporal

Los humanos han estado utilizando el lenguaje corporal antes de la historia escrita e incluso se remonta antes de que inventáramos el lenguaje. Dado que no teníamos una forma de comunicarnos verbalmente, nuestros primeros antepasados tenían que comunicarse entre sí de manera no verbal a través de señales corporales.

Hay señales que son universales para todos los humanos. Tomemos como ejemplo la sonrisa. Todos entienden que la acción de sonreír significa felicidad o satisfacción. También puede expresar que no tienes intenciones maliciosas hacia la otra persona.

Llorar, por otro lado, se considera una señal de dolor o tristeza.

Pero, ¿por qué son estas expresiones faciales universales y trascienden la cultura y la raza? ¿Existe una forma para que las personas se comprendan mejor a través del lenguaje corporal?

Aunque claramente existen diferencias en las señales del lenguaje corporal entre culturas, también hay muchas que son similares. Las personas pueden tener diversas diferencias raciales como se muestra por el color de nuestra piel o incluso el tamaño y la forma del cuerpo pero aun así, expresamos muchas señales del lenguaje corporal de manera similar.

Entonces, ¿por qué todas las personas son iguales en algunos aspectos cuando se trata de lenguaje corporal? La investigación realizada y los avances significativos en las últimas décadas podrían tener la respuesta.

Lenguaje corporal a lo largo de la historia

Una población de simios, similar a los chimpancés, de alrededor de 100,000 individuos vivía en África ecuatorial hace unos cinco millones de años. En ese momento, los bosques africanos ya estaban disminuyendo de tamaño y el clima era caluroso y seco. La comida recolectada al forrajear a través del dosel ya no era suficiente, así que para aumentar sus posibilidades de sobrevivir, tuvieron que adaptarse.

Los primeros simios que caminaban existieron alrededor de 4.4 millones de años atrás según evidencia fósil. Se les llama Australopitecos y con la habilidad de caminar, podían recorrer distancias más largas y buscar una mayor variedad de alimentos. Aunque esto representaba una ventaja evolutiva sobre otros animales, también hizo que el entorno de vida fuera más complejo.

Estos primeros seres humanos eran muy sociables y para hacer frente a los nuevos desafíos, los Australopitecos trabajaban en grupos. Y para lograrlo, las interacciones sociales necesitaban ser analizadas, determinar quiénes eran amigos y quiénes eran enemigos, y poder decidir quiénes debían pertenecer al grupo y quiénes no. Su capacidad de procesamiento mental necesitaba ser mejorada para hacer frente a esta nueva demanda, por lo que se adaptaron desarrollando cerebros más grandes.

Esta carga mental es la razón por la cual los primeros

humanos que existieron hace unos 2.5 millones de años tenían cerebros que eran un veinte o treinta por ciento más grandes que sus predecesores. Esto significa que aquellos que no evolucionaron con cerebros más grandes quedaron atrás y fueron gradualmente reemplazados. Durante este período nació el Homo habilis.

El aumento en el tamaño del cerebro, sin embargo, requería más energía, lo que significaba que el Homo habilis necesitaba comer más. Para cumplir con este requisito, aprendieron a comer carne y a fabricar herramientas para la caza. Parte de sus actividades de socialización incluía revisar el pelaje de los demás. También, el tamaño de los grupos se redujo a alrededor de 50 miembros por grupo.

La evolución del cerebro humano continuó y su tamaño aumentó constantemente hasta aproximadamente 800cc y varios cambios importantes tuvieron lugar hace alrededor de 1.7 millones de años. El mayor tamaño del cerebro requirió una mejor regulación térmica, por lo que nuestros antepasados más antiguos perdieron el pelaje y el cabello, y desarrollaron glándulas sudoríparas para adaptarse al cambio.

Dado que no tenían pelaje, su piel se oscureció para protegerse de la dañina radiación UV. Esto llevó a la aparición del Homo ergaster y al cambio hacia la unión entre hombre y mujer.

Homo ergaster también vivía en grupos compuestos por alrededor de 50 miembros. Todas las comunicaciones entre los miembros se realizaban utilizando el lenguaje corporal. Aún no habían evolucionado el lenguaje hablado.

Hace aproximadamente un millón de años, surgió el Homo erectus y fue un hito histórico porque los humanos comenzaron a dispersarse fuera de África. También se caracterizó por un vínculo mucho más fuerte entre hombres y mujeres.

Hace aproximadamente medio millón de años, el Homo Heidelbergensis emigró a Europa y evolucionó en Neandertales después de cien mil años. Estos primeros seres humanos tenían cerebros más grandes que los humanos modernos y también eran más musculosos.

Hace unos 200,000 años, los primeros humanos tenían cerebros de 1400cc, lo cual es igual al cerebro humano actual. Esto llevó a la emergencia de nuestros antepasados, el Homo sapiens.

Después de varios cambios ambientales importantes marcados con periodos de calentamiento y enfriamiento, Homo sapiens evolucionó a los seres humanos modernos que están evolucionados en su comportamiento. Eso fue hace 50,000 años y es el periodo en el que nacieron los primeros idiomas.

El desarrollo del lenguaje presentó algunos problemas críticos y uno de ellos es la fiabilidad. Tomemos por ejemplo a un primate haciendo un sonido y usándolo como señal. ¿Cómo pueden entender y confiar los otros primates en esta señal? ¿Y si simplemente fuera falso?

Recuerda que estos primates no tenían sentido de moralidad, por lo que fingirán señales para su propio beneficio. Por eso, los humanos desarrollaron señales que son difíciles de falsificar a través de acciones emocionalmente expresivas.

Para evitar ser engañados por señales verbales falsas, necesitaban ser ignoradas, lo cual desafortunadamente bloquea el desarrollo del lenguaje verbal. Entonces, ¿cómo desarrollamos los idiomas?

La comunicación sin el peligro de engaño requería una sociedad moralmente regulada. Esto significa que los rituales, las palabras y los idiomas evolucionaron juntos.

La sociedad primitiva dependía de la adherencia de una persona a rituales y creencias para comprobar la honestidad. Esto llevó al nacimiento de la religión.

Para entonces, los humanos ya pueden comunicarse entre sí a través del lenguaje corporal y señales verbales.

Capítulo 2 - El campo científico de la comunicación no verbal

El mayor descubrimiento humano de todos los tiempos, según se puede argumentar, es que todos somos descendientes de un pequeño grupo de humanos primitivos que vivieron alrededor de 50,000 años atrás. Este hecho explica por qué somos tan similares y por qué podemos comunicarnos a través del lenguaje corporal y expresar nuestros sentimientos de manera similar a pesar de venir de diferentes nacionalidades y culturas.

Esto también condujo al desarrollo de un campo científico dedicado al estudio del lenguaje corporal que intentó decodificar las señales y pistas no verbales que las personas comunican a través de gestos, expresiones faciales, posturas y movimientos oculares. Interpretar estas acciones junto con las comunicaciones verbales nos ayuda a entender mejor a las personas.

El campo del lenguaje corporal existe para ayudarnos a 'leer' a una persona más allá de lo que se está diciendo e incluso determinar si esa persona está mintiendo. Al igual que el desarrollo del lenguaje está vinculado a los conceptos de confianza y engaño, también lo está el campo de estudio del lenguaje corporal.

El lenguaje corporal se trata de entender mejor a otras personas, especialmente a aquellas que no verbalizan sus pensamientos y emociones. También puede ser acerca de aprender cómo puedes ocultar o disimular tus actitudes y emociones fingiendo lenguaje corporal para alcanzar tus objetivos cuando interactúas con personas.

El campo de la comunicación no verbal o lenguaje corporal se divide en diferentes disciplinas.

Kinesics

La kinesia se trata de interpretar las expresiones faciales y el lenguaje corporal o cualquier comportamiento no verbal en general. Las acciones pueden implicar algunas partes o todo el cuerpo.

Ray Birdwhistell acuñó el término Kinésica en 1952. Birdwhistell fue un antropólogo que estudió cómo las personas se comunican con otros a través de señales no verbales.

Filmó películas que involucraban a personas en diferentes situaciones sociales y las analizaba para señalar patrones de comportamiento específicos. Birdwhistell creía que, al igual que el lenguaje hablado, los movimientos del cuerpo humano tenían significados específicos que podían ser interpretados.

Como el fonema en el campo del lenguaje hablado que representa un sonido abstracto de velocidad utilizado en la construcción de palabras, él denominó 'kineme', que es un grupo de movimiento básico utilizado en el lenguaje corporal. En su estudio, Birdwhistell también afirmó que los kinemas deben ser analizados en grupos para llegar a conclusiones significativas y válidas.

Oculesics

La oculésica trata sobre el papel de los ojos en la

comunicación. Actividades oculares durante una conversación como mirar, parpadear y fijar la mirada se consideran señales no verbales importantes.

Cuando a una persona se le presenta algo que le gusta, se ha descubierto que las pupilas se dilatan y la frecuencia de parpadeo aumenta. Al mirar a otra persona, los ojos por sí solos pueden mostrar una variedad de emociones como atracción, interés o incluso hostilidad.

Mirar fijamente también puede proporcionar pistas si la otra persona está mintiendo. Cuando una persona mantiene contacto visual constante, implica que la persona es confiable y está diciendo la verdad. La falta de contacto visual, en cambio, generalmente se interpreta como una señal de engaño o mentira.

Proxemia

La proxémica es un campo científico que estudia el espacio personal. Edward T. Hall, un antropólogo cultural, acuñó este término en 1963.

La teoría de Hall sobre la proxémica se divide en dos categorías - territorio y espacio personal. El territorio se trata de la reclamación de una persona sobre un espacio y cómo esa persona lo defiende contra otras personas. El espacio personal, por otro lado, se refiere a cómo las personas sienten y tratan el espacio inmediato que los rodea.

El campo de la proxémica no se limita a estudiar el espacio personal en los seres humanos, sino que también se ha utilizado en animales en relación con su comportamiento en torno al territorio y al espacio personal.

Haptics

La haptica es el estudio de la comunicación a través del tacto y se lleva a cabo en animales y humanos. Para los humanos, la haptica incluye abrazos, apretones de manos, tomarse de las manos, besos, palmaditas en el hombro, e incluso choques de manos.

El contacto se considera uno de los medios fundamentales de comunicación no verbal y se desarrolla tan temprano como en la etapa fetal. El tacto se utiliza para obtener información en un entorno al sentir las superficies. También es una parte vital de la intimidad física.

La interpretación de gestos táctiles depende en gran medida del trasfondo cultural, contexto social, la forma en que se lleva a cabo la acción y la relación entre las personas involucradas. Diferentes culturas tratan el contacto físico de manera distinta y los niveles de contacto también pueden variar.

Ciertas señales son practicadas en algunas culturas pero otras culturas pueden no ser capaces de interpretarlas o incluso saber cómo hacerlo. Como chocar los cinco, por ejemplo.

Vocalica

Los seres humanos se comunican verbalmente no solo utilizando el lenguaje real. Hay factores a considerar como el tono vocal, la inflexión, el volumen y el tono. Este campo de comunicaciones no verbales se llama vocalización o paralingüística.

Consideremos una oración simple y cómo el tono de la entrega puede tener un efecto poderoso en su significado. Cuando la oración se dice con un tono fuerte, esto suele ser interpretado por los oyentes como una señal de entusiasmo y aprobación. La misma oración cuando se dice con un tono vacilante podría implicar falta de interés o desaprobación.

Hay muchas formas en que un simple cambio en el tono de voz puede cambiar el significado de una oración. Cuando alguien te pregunta cómo estás, la respuesta inmediata es "Estoy bien", pero la forma en que entregas esa simple oración puede revelar en realidad cómo te sientes ese día. Cuando lo dices con un tono frío, puede indicar que no te sientes bien y no quieres hablar más al respecto. Si usas un tono feliz y brillante, revela que te sientes realmente bien. Cuando se entrega con un tono melancólico y sombrío, también dice que te sientes todo lo contrario y que necesitas hablar con alguien al respecto.

Comportamiento animal

El estudio del lenguaje corporal también está relacionado con el estudio del comportamiento animal, que se llama etología. Charles Darwin es considerado el primer etólogo moderno y su libro, 'La Expresión de las Emociones en el Hombre y en los Animales', es la influencia e inspiración de muchos investigadores modernos en este campo.

Otros investigadores como Julian Huxley ampliaron el estudio observando el comportamiento natural o instintivo en ciertas especies cuando se presentan circunstancias específicas. La mayoría de las señales no verbales se realizan instintivamente, por lo que este estudio explica por qué los humanos y otros miembros del reino animal comparten comportamientos similares cuando se les presentan ciertos estímulos. El estudio también proporciona pistas sobre el condicionamiento conductual, el instinto, la psicología y la cognición.

Todos los primates son capaces de comunicarse con otros utilizando expresiones faciales. Interesantemente, los humanos y los simios utilizan acciones que están dirigidas específicamente a otra persona con la que quieren comunicarse. Por ejemplo, un chimpancé que está pidiendo comida extiende su mano abierta, lo cual se considera un gesto de súplica.

En un estudio realizado por Frans de Waal y Amy Pollick, los gestos pueden diferir entre grupos según su observación en chimpancés y bonobos. Existe una cultura gestual significativa en cada grupo y los bonobos fueron comunicadores mucho más efectivos usando gestos. Los bonobos son la única especie capaz de combinar señales vocales/faciales y gestos, lo que los convierte en comunicadores multimodales.

De Waal y Pollick sugirieron que la evolución del lenguaje humano debe haber comenzado con algún tipo de vocabulario de gestos porque las emociones específicas están desconectadas de los gestos, lo que los hace más fáciles de controlar. Con las expresiones faciales, puedes obtener muchas pistas sobre el estado emocional de otra persona. Los gestos, por otro lado, son más fáciles de usar de manera engañosa. Por lo tanto, el lenguaje debe haber evolucionado a partir de gestos.

Artefactos

Imágenes y objetos son un par de herramientas que también pueden usarse para la comunicación no verbal. Por ejemplo, sueles elegir un avatar que represente tu identidad en una comunidad en línea. Este avatar a menudo es también un símbolo de quién eres en persona o las cosas que te gustan, o al menos de quién quieres que otras personas vean en tu personalidad.

Todos pasamos una cantidad significativa de nuestro tiempo desarrollando un cierto carácter personal a medida que nos rodeamos de objetos e imágenes que le dicen a otras personas acerca de cosas que son importantes para nosotros. Si deseas que los demás te vean como un aficionado a la salud, te ejercitas para obtener una buena forma física y usas ropa que resaltará esos músculos o curvas ganados con esfuerzo.

Un ejemplo que se puede utilizar como fuente de información sobre una persona es el uniforme. Cuando vemos a alguien llevando un uniforme militar, inmediatamente pensamos en esa persona como un soldado. Los médicos usan batas blancas y los policías usan uniformes con insignias. Podemos decir instantáneamente a qué se dedican las personas solo con mirar los uniformes que llevan puestos.

Apariencia

La elección del peinado, la ropa, el color y otros factores relacionados con la apariencia de una persona también pueden considerarse un tipo de comunicación no verbal. Diversas investigaciones han demostrado que los colores pueden afectar el estado de ánimo y las emociones. Tu apariencia también puede influir en las interpretaciones, juicios y reacciones fisiológicas.

Es cierto que todos nosotros hacemos juicios instantáneos basados únicamente en la apariencia de la otra persona. Las primeras impresiones duran y esa es la razón por la cual se recomienda vestir adecuadamente para una entrevista de trabajo, ya que parte de cómo se evaluará tu personalidad incluye lo bien que te vistes para tal ocasión.

También hay estudios que demuestran que la apariencia

juega un papel importante en cómo eres percibido por otras personas. Incluso puede influir en cuánto te pagan. En un estudio realizado en 1996, los abogados que eran considerados más atractivos en comparación con sus colegas ganaban casi un 15 por ciento más que aquellos considerados menos atractivos.

La cultura es una gran influencia en cómo las personas juzgan las apariencias. Mientras que ser delgado o delgada generalmente se considera atractivo en las culturas occidentales, algunas culturas en África interpretan a las personas de figura completa como más saludables, ricas y pertenecientes a un estatus social más alto.

En los próximos tres capítulos, profundizaremos en tres campos que son estudiados más de cerca en la ciencia del lenguaje corporal - cinésica, oculésica y proxémica.

Capítulo 3 - Cinésica

Kinesis significa 'movimiento' y de ahí se deriva la palabra cinésica. La cinésica es el estudio de los movimientos faciales, corporales, de brazos y manos. En este capítulo discutiremos el uso de expresiones faciales, postura y movimientos de cabeza, y gestos.

Expresiones faciales

La cara es la parte más expresiva del cuerpo humano. Una foto, por ejemplo, es capaz de capturar o congelar una cierta expresión y preservarla para verla más tarde. Incluso si una fotografía fue tomada hace mucho tiempo, todavía se puede interpretar mucho del significado cuando hay un rostro humano mostrando una emoción particular. Las expresiones faciales básicas también son reconocidas por la mayoría de las culturas en todo el mundo, incluso aquellas ubicadas en países aislados.

Se ha investigado mucho sobre la universalidad de las expresiones más comunes, en particular la felicidad, el miedo, la tristeza, la ira, el asco y la sorpresa. Se descubrió que las cuatro primeras de la lista son las más reconocibles por todas las culturas en todo el mundo. Sin embargo, lo que causa que estas expresiones se muestren y qué normas sociales y culturales influencian su manifestación parece ser culturalmente diverso.

Tomemos a los bebés, por ejemplo. Los bebés son capaces de mostrar estas expresiones desde una edad muy temprana. Sus reacciones también se consideran puramente instintivas, lo que las hace auténticas. Por eso jugar al cucú-tras con un bebé es tan entretenido, porque puedes ver las expresiones naturales de sorpresa y alegría en sus rostros. A medida que las personas crecen, aprendemos más sobre las normas sociales al seguir reglas sobre la manifestación de estas emociones. También aprendemos a controlar estas expresiones como sugiere nuestra cultura.

Una sonrisa es una señal no verbal poderosa y también un indicador inmediato de un comportamiento. Se considera que las expresiones faciales son principalmente innatas y algunas de ellas son incluso universalmente reconocibles, pero no siempre pueden estar conectadas a estímulos internos, biológicos o emocionales. A veces estas expresiones se hacen con un propósito más social en su naturaleza.

Normalmente sonreímos a otras personas como un requisito de las normas sociales o culturales, pero puede que realmente no sea un reflejo de lo que sentimos en realidad en nuestro interior. Sin embargo, estudios muestran que estas sonrisas "típicas" pueden distinguirse de las genuinas. Se dice que una sonrisa verdadera no solo implica la boca, sino también los ojos. Este tipo de sonrisa es difícil de fingir porque los músculos implicados en este gesto genuino no pueden ser controlados voluntariamente. Cuando estos músculos se contraen espontáneamente, mueven la piel alrededor de la nariz, los ojos y las mejillas y obtienes una sonrisa real que se ve muy diferente de una sonrisa social o falsa. Esta es la razón por la que los buenos fotógrafos hacen que sus sujetos participen en bromas cursis o usan accesorios para niños con el fin de obtener una sonrisa real de ellos al tomar fotografías.

Las expresiones faciales también pueden establecer el tono emocional de un discurso. Si deseas que el tono sea positivo, puedes comenzar mirando a tu audiencia y sonriendo para comunicar confianza, apertura y amabilidad. Durante el discurso, puedes expresar diferentes emociones usando diversas expresiones faciales, las cuales puedes utilizar para implicar rasgos de personalidad y mostrar competencia y credibilidad. A través de las expresiones faciales, un orador puede comunicar que está emocionado, cansado, confundido, enojado, triste, frustrado, engreído, confiado, aburrido o tímido. Mostrar una cara animada y sin expresión puede indicar que estás aburrido con el discurso incluso si no lo estás. Por lo tanto, debes asegurarte de que tus expresiones faciales durante el discurso estén enviando el rasgo de personalidad, estado de ánimo o emoción correctos que crees que la audiencia ve favorablemente y te ayuden a obtener los resultados que deseas. Las expresiones faciales que exhibas también deben estar alineadas con el contenido del discurso. Cuando se discute un tema humorístico o alegre, puedes mejorar el mensaje con cejas ligeramente levantadas, ojos brillantes y una sonrisa. Cuando el tema es sombrío o serio, puedes enfatizar el discurso con un leve movimiento de cabeza, una boca más apretada o una ceja fruncida. Cuando la parte verbal del discurso es inconsistente con las expresiones faciales, la audiencia puede confundirse sobre la verdadera intención y tu credibilidad y honestidad pueden ser cuestionadas.

Postura y Movimientos de la Cabeza

La postura y los movimientos de la cabeza pueden agruparse juntos porque con frecuencia se utilizan para reconocer a otras personas y comunicar atención e interés. En cuanto a los movimientos de la cabeza, por ejemplo, el gesto de asentimiento es una señal de reconocimiento que se muestra universalmente, especialmente en culturas donde ya no se saluda de manera formal con una reverencia. Por lo tanto, el gesto de asentimiento sirve como una reverencia resumida.

Para significar desacuerdo, la señal corporal universal es el movimiento repetido de la cabeza de izquierda a derecha. Esta señal no verbal comienza en la infancia incluso antes de que un bebé adquiera la capacidad de entender su significado. Un bebé podría mover la cabeza de un lado a otro al rechazar el pecho de la madre, lo cual luego actúan por instinto al rechazar intentos de alimentación con cuchara. La señal no verbal de desacuerdo, por lo tanto, se basa en un movimiento biológico.

La posición de la cabeza también puede significar diferentes comportamientos. Cuando la cabeza de una persona está levantada, a menudo indica una actitud neutral o comprometida. Una cabeza inclinada implica interés y también es un gesto de sumisión porque expone el cuello, lo que hace que otras personas confíen más en la persona. Si la cabeza está baja, a menudo es una indicación de una actitud negativa o incluso agresiva.

Las posturas humanas se agrupan en cuatro categorías generales: sentado, de pie, acostado y en cuclillas. Cada una de estas posturas contiene muchas variaciones y, cuando se combinan con ciertas señales no verbales u otros gestos, expresan una gran cantidad de significados diferentes. Conversamos principalmente sentados o de pie. Una postura común de pie mostrada por las personas es poner las manos en las caderas para parecer más grandes e implicar asertividad. Con los codos apuntando hacia afuera, esto puede significar que nadie puede pasar por delante de nosotros. Esto también puede ser un signo de dominancia o mostrar disposición para la acción. Cuando se está sentado, una postura inclinada puede demostrar indiferencia o informalidad. Sentarse con las piernas abiertas puede interpretarse como dominancia o, en ciertas situaciones, mostrar inseguridad porque parece que la persona está protegiendo una parte vulnerable del cuerpo. Inclinarse hacia adelante muestra atención e interés.

Gestos

Los gestos se clasifican en tres tipos - ilustradores, emblemas y adaptadores. El tipo más común es el de ilustradores debido a que se utilizan para 'ilustrar' el mensaje verbal acompañante. Por ejemplo, para indicar la forma o tamaño de un objeto, se utilizan gestos con las manos en una conversación. Los ilustradores suelen utilizarse de manera subconsciente y típicamente no tienen significado cuando se usan por sí solos.

Estos gestos son en su mayoría involuntarios y fluyen naturalmente mientras hablamos. También pueden variar en frecuencia e intensidad dependiendo del contexto de la conversación. Hacemos gestos ilustrativos automáticamente aunque no nos enseñen explícitamente. La mayoría de la gente también utiliza gestos ilustrativos al hablar con alguien por teléfono aunque no puedan verse haciendo los movimientos.

Los emblemas, a diferencia de los ilustradores que típicamente no tienen contexto por sí solos, son gestos cuyos significados han sido acordados. Estos son diferentes del lenguaje de señas estándar utilizado por personas con discapacidad auditiva al comunicarse o el Lenguaje de Señas Americano (ASL). Los emblemas no forman parte de los sistemas de signos formales como el ASL.

El dedo medio levantado, el signo de 'OK' con el pulgar y el índice formando un círculo mientras el resto de los dedos están hacia arriba, y el pulgar del autoestopista son ejemplos de emblemas. Cada uno de estos tiene significados que han sido acordados con una cultura. Los emblemas pueden ser fijos o en movimiento. Cuando circulas tu dedo índice alrededor del lado de la cabeza, es una señal acordada de la palabra 'loco' y bombear tu brazo arriba y abajo con el puño cerrado significa '¡apúrate!'.

El origen de una palabra se puede rastrear a través de su etimología. Algunas señales no verbales, especialmente los emblemas, también tienen historia. Cuando levantas tu dedo índice y medio formando una forma de 'V', es un insulto para los británicos. El gesto se remonta a un período en el que el arco y la flecha eran el arma de guerra principal. Cuando un arquero es capturado, el enemigo le cortaría estos dos dedos como insulto porque significa que el arquero ya no puede usar un arco y flecha. Levantar estos dos dedos es una forma de burla que muestra que todavía tienen intactos sus dedos de arquero.

Los adaptadores se refieren a movimientos y comportamientos táctiles que indican estados internos y suelen estar vinculados a la ansiedad o la excitación. Este tipo de gestos pueden estar dirigidos hacia uno mismo, un objeto u otras personas. Los adaptadores son generalmente el resultado de la ansiedad, incomodidad o una sensación de perder el control de una situación. La mayoría de las personas sacuden inconscientemente las piernas, hacen clic con bolígrafos o muestran otros gestos adaptativos durante reuniones, clases o mientras esperan. Esto es de alguna manera una forma de quemar el exceso de energía.

¿Alguna vez has visto un video tuyo hablando en público? ¿Notaste adaptadores no verbales que no sabías que usabas? Durante discursos públicos, la mayoría de las personas utilizan adaptadores centrados en objetos o en sí mismos. Ejemplos comunes de adaptadores centrados en uno mismo son acciones como toser o aclarar la garganta. Algunos están más inclinados hacia adaptadores centrados en objetos, como jugar con el micrófono o el cable mientras hablan.

Otros pueden jugar con las tarjetas de notas, los marcadores de pizarra o las monedas en sus bolsillos. El aburrimiento también puede desencadenar adaptadores, como despegar etiquetas de una botella de cerveza o jugar con la pajilla. De hecho, los adaptadores se encuentran más comúnmente en situaciones sociales que en discursos públicos, principalmente debido a la distancia entre el orador y la audiencia.

Capítulo 4 - Oculesia

La oculesia es el estudio del papel del ojo en el lenguaje corporal. Se deriva de oculus, una palabra latina que significa 'ojo'. Las personas se comunican utilizando el comportamiento ocular, especialmente el contacto visual.

Durante una conversación, los ojos y los rostros suelen ser el foco principal. Los ojos, junto con los oídos, también reciben la mayor parte de la información. Se dice que los ojos son la ventana del alma de una persona. Esta expresión es realmente precisa porque los ojos pueden expresar muchas emociones o mostrar señales no verbales aunque una persona intente ocultarlas.

Algunos comportamientos oculares también se han relacionado con estados emocionales o rasgos de personalidad, como a menudo se escuchan en frases como 'ojos de dormitorio', 'ojos malvados' y 'ojos hambrientos'. Para entender mejor la oculesia, aquí están las funciones y características de la dilatación de la pupila y el contacto visual.

El contacto visual es una señal corporal poderosa y se usa para establecer conexiones personales, transmitir información o monitorear y regular las interacciones. Durante una conversación a menudo expresamos nuestro deseo de hablar usando contacto visual o lo utilizamos para indicar a otras personas que hablen.

Regulando Interacciones

Es posible que hayas estado en esa común y incómoda situación en la que el profesor está haciendo una pregunta y nadie levanta la mano para responder. Entonces te mira directamente como diciendo '¿qué opinas?' sin pronunciar una sola palabra. El profesor en realidad está usando el contacto visual para dar la señal a los estudiantes de que hablen. Así que aquellos que no saben la respuesta evitan el contacto visual mirando hacia otros lugares alrededor del salón.

A medida que una persona cambia de ser un hablante a ser un oyente, el contacto visual también cambia. En un escenario de aula, el maestro podría evitar el contacto visual mientras discute la lección y solo lo hace cuando está esperando una respuesta de la clase. También suele usar el contacto visual para concluir la discusión como una señal de que está terminando. Por otro lado, un estudiante mantiene contacto visual con el maestro durante la lección para mostrar atención y también recolectar información.

Monitoreo de Interacciones

El contacto visual también se puede utilizar para obtener retroalimentación u otras señales corporales y enviar información de vuelta. A través de los ojos, recopilamos información visual de otras personas como sus comportamientos oculares, gestos, posturas y movimientos. A través de la observación visual, un orador puede determinar si su audiencia está aburrida, confundida o comprometida. Él o ella puede entonces hacer los ajustes necesarios a su mensaje o presentación.

También usamos nuestros ojos para enviar información a otras personas. Cuando estamos pensando profundamente, tendemos a apartar la mirada de otras personas, lo cual es una forma de indicarles que no nos molesten. Cuando hacemos contacto visual, estamos implicando interés y atención al hablante o a la discusión. Esto hace que los ojos sean herramientas importantes en la escucha.

Involucrar o desvincular

Usar contacto visual nos permite transmitir interés o desinterés. Cuando miramos atentamente y mantenemos contacto visual más tiempo con alguien, les indica que estás comprometido con la conversación y deseas que esta continúe. Cuando apartas la mirada, es una señal de que quieres desvincularte y alejarte.

En entornos públicos como gimnasios o aeropuertos donde es común que la gente hable con extraños, puedes indicar que no quieres ser molestado evitando el contacto visual con otras personas. También puedes llevar gafas de sol para el mismo efecto. Pero cuando quieres hablar con alguien que te atrae, intentas establecer contacto visual con él o ella con un plan para iniciar una conversación.

Coquetear o intimidar

La duración del contacto visual también lleva un significado. Sin embargo, este significado muchas veces está determinado por normas sociales o culturales, el ambiente o entorno, y la relación entre las dos personas. En ciertas situaciones, mirar fijamente puede ser interpretado como un acto de intimidación, como después de una discusión verbal. En escenarios más íntimos, una mirada prolongada es una señal no verbal efectiva para coquetear con alguien, especialmente si ambas partes se conocen personalmente.

Dilatación de la pupila

La dilatación de las pupilas también se estudia en el campo de la oculesia, aunque no recibe tanta atención como el contacto visual o el movimiento ocular. La dilatación de la pupila es la contracción o expansión de las pupilas de los ojos y es una forma de medición biométrica. Esta acción es involuntaria, lo que significa que no puedes controlarla conscientemente, lo que la convierte en una fuente confiable de señales no verbales.

Cuando la luz es insuficiente para que podamos ver claramente, los ojos compensan dilatando o agrandando la pupila para dejar entrar más luz. Cuando hay suficiente o demasiada luz, las pupilas se contraen o se hacen más pequeñas. La dilatación de la pupila también puede ser afectada por la atracción sexual, el dolor, el estrés o la ansiedad, la excitación general y el procesamiento de la información.

Los investigadores miden y estudian la dilatación de la pupila por diversas razones. Los anunciantes lo utilizan para determinar las preferencias del consumidor porque cuando una persona se siente atraída por un producto, las pupilas se dilatan.

Aunque es posible que no estemos interpretando conscientemente la dilatación de las pupilas mientras hablamos con otras personas, lo hacemos de forma subconsciente, y esto tiene un efecto en la conversación.

Capítulo 5 - Proxémica

La proxémica es el campo del lenguaje corporal que explica cómo la distancia y el espacio afectan la comunicación. Las relaciones, la comunicación y el espacio están estrechamente relacionados, como se puede ver en las múltiples formas en que el espacio es un factor en metáforas comunes. Cuando estás atraído o contento con alguien, dices que estás "cerca" de esa persona. Cuando se pierde esta conexión, a menudo dices que la persona parece "distante". Por lo tanto, el espacio tiene una gran influencia en cómo nos comportamos y comunicamos unos con otros.

En un espacio pequeño ocupado por muchas personas, es más probable que se violen las burbujas de espacio personal. Si este escenario se conoce de antemano, como en un tren durante la hora punta o en un concierto abarrotado, manejar el problema del espacio requiere diferentes ajustes de comunicación. Cuando el espacio personal es violado inesperadamente, puede llevar a situaciones estresantes, especialmente si la violación del espacio personal se hizo intencionalmente y sin permiso, lo que significa que el hacinamiento no obligó a ese transgresor a invadir tu espacio.

La investigación muestra que el hacinamiento también puede llevar a comportamientos delictivos o criminales conocidos como 'mentalidad de masa'. En sus mentes, si todos lo están haciendo, debe estar bien.

Distancias proxémicas

La gente tiene diferentes definiciones de 'espacio personal'. Estas definiciones pueden ser contextuales y pueden depender de la relación y la situación. Aunque una burbuja de espacio personal es invisible, las personas la reconocen debido a la crianza cultural y social. Los académicos categorizaron cuatro zonas de proximidad para los estadounidenses, a saber, íntima, personal, social y distancias públicas. Estas zonas ocupan más espacio en la parte delantera o en la línea de visión de la persona y son más pequeñas en los lados y en la parte trasera.

Zona íntima

La zona íntima se define a unos 1.5 pies del cuerpo. Esta zona está reservada solo para la familia, los amigos más cercanos y las parejas íntimas o románticas. Cuando otras personas están dentro de este espacio, es imposible ignorarlas incluso si fingimos hacerlo. Si bien la invasión de la zona íntima es reconfortante en algunas situaciones, puede resultar aterrador o al menos molesto para otros.

La gente necesita un contacto humano regular verbal y físico porque el tacto es una parte importante de nuestra relación con los demás. Para que ocurra un contacto físico, las personas necesitan entrar en nuestra propia zona íntima. Cuando las palabras fallan al expresar, sentir la presencia física de alguien y estar cerca de ellos es bastante reconfortante.

Este grado de cercanía a veces se muestra en público dependiendo de las normas sociales y culturales. Algunas personas pueden sentirse incómodas al ver muestras de intimidad, mientras que otras pueden participar cómodamente en ella o mirar a otros hacerlo.

Zona Personal

La zona personal se extiende alrededor de 1.5 a 4 pies de nuestro cuerpo físico. Este espacio está reservado para conocidos cercanos, amigos y otras personas significativas. La mayoría de las conversaciones ocurren en este espacio personal y es a lo que la gente se refiere como su burbuja de espacio personal. Aunque el espacio personal está bastante cerca del cuerpo de otra persona, la comunicación verbal se puede usar para implicar que la presencia en este espacio es amistosa pero no íntima.

La zona personal está dividida en dos sub-zonas. El espacio personal exterior se extiende de 2.5 a 4 pies y es la zona donde pueden tener lugar conversaciones privadas aunque ambas partes no estén tan cerca realmente. La comunicación relativamente íntima está permitida en esta zona, como conversaciones profesionales. El espacio personal interior se extiende de 1.5 a 2.5 pies y está reservado para comunicarse con personas que tienen relaciones interpersonales con nosotros o aquellos que queremos conocer mejor. El contacto físico mientras se habla normalmente está permitido en esta zona para facilitar sentimientos de cercanía y revelación personal.

Zona Social

La zona social se extiende de 4 a 12 pies lejos del cuerpo es donde tiene lugar la comunicación casual o profesional pero no pública o íntima. En la mayoría de conversaciones profesionales, esta zona es la preferida. Cuando mantienes a alguien a distancia de un brazo, significa que dejas que esa persona entre en tu espacio personal. Cuando dos personas extienden ambos sus brazos con las puntas de sus dedos tocándose, estarán de pie a unos 4 pies de distancia haciendo que el espacio social sea tanto personal como profesional.

Los estudiantes en una clase, por ejemplo, a menudo están ubicados dentro de la zona social del profesor. Esta proximidad permite una mejor interacción mientras se evita demasiada intimidad.

Zona Pública

Este espacio se extiende 12 pies o más del cuerpo, haciéndolo el menos personal de las cuatro zonas. Este espacio se utiliza típicamente durante discursos formales realizados en auditorios. Aunque el orador se acerca al público, también está aislado. Esta distancia puede ser tomada como un signo de autoridad o poder y se aplica a celebridades y políticos. No se espera ni se obliga a interactuar o reconocer a las personas dentro de su zona pública. Mantener conversaciones personales es difícil a esta distancia y se tiene que hablar más alto porque carece de la cercanía física necesaria para establecer una relación y comenzar una cercanía emocional.

Capítulo 6 - Mitos sobre el lenguaje corporal que deberías conocer

El lenguaje corporal juega un papel importante en la comunicación, por lo que aprender a leer y expresarse a través de señales no verbales es una habilidad que debes desarrollar. Pero cuando se menciona el lenguaje corporal, el público se divide en escépticos y creyentes excesivos. Los escépticos dudan de la efectividad de interpretar el lenguaje corporal al intentar averiguar lo que realmente está pensando la otra persona. Los creyentes excesivos piensan que las señales no verbales son siempre confiables.

Aquí hay algunos mitos sobre el lenguaje corporal de los que debes estar al tanto.

Puedes fingir lenguaje corporal.

El engaño siempre será parte de la vida del hombre, por eso las personas siempre están buscando maneras de engañar cuando es necesario. Algunas personas pueden ver mentir como algo moralmente incorrecto pero eso es un tema diferente por completo. ¿Puedes fingir tu lenguaje corporal y cómo es útil?

Los expertos están realmente divididos en este tema. Un grupo cree que no es posible fingir señales corporales.

Argumentan que la mayoría de las expresiones faciales y otros gestos corporales son producidos de manera inconsciente y son extremadamente difíciles de reproducir de manera natural y consciente. Cuando una persona experimenta una emoción particular, tiende a mostrar una gran cantidad de señales no verbales y fingir todas ellas sería imposible. Y cuando esa persona simplemente está fingiendo o actuando la emoción sin realmente sentirla, estas señales se vuelven tan artificiales que es fácil señalar la anomalía y concluir que algo no está bien.

En el otro lado de la cerca, un grupo afirma que las personas pueden aprender a falsificar señales particulares y que puedes usarlo para establecer y mejorar rapport con otras personas, haciéndoles sentir más relajados cuando están cerca de ti. Este grupo está compuesto principalmente por seguidores de Programación Neurolingüística o PNL. Sus métodos enfatizan el conocimiento de la lectura del movimiento ocular y del espejismo, y algunos usuarios de sus métodos afirman que realmente funcionan.

Ambos grupos realmente tienen sus propios puntos válidos. Cualquiera que sea el grupo que creas que tiene la forma correcta de pensar, recuerda que no está de más intentarlo. Cuando estás aprendiendo lenguaje corporal, tu objetivo final debería ser mejorar la calidad general de tus conversaciones, lo que te permitirá obtener los resultados deseados. Esto es cierto ya sea que estés leyendo lenguaje corporal o fingiéndolo.

Esto puede sonar un poco egoísta pero admitámoslo, es lo que todos quieren, por lo que negarlo es inútil y fútil. Si crees que un cierto método te está funcionando, úsalo a tu favor. Si estás utilizando una técnica de contacto visual significativamente efectiva o alguna señal no verbal en particular que te dé resultados positivos, adelante y aprovecha al máximo de ellos.

Algunas personas pueden ver la falsificación del lenguaje corporal como una forma de engaño, lo cual no es la manera correcta de ver el tema. Cuando estás a punto de dar una presentación importante, planeas no solo el contenido del mensaje, sino también cómo quieres que se entregue al público. Como ya sabes, la comunicación no es solo un lenguaje hablado puro. Hay una parte no verbal de la misma que es igualmente importante. Por eso, al preparar tu guión enumerando las cosas que quieres decir, también necesitas practicar tus acciones mientras las dices. ¿Prepararte para la parte verbal de la presentación no lo hace inauténtico, verdad? Lo mismo ocurre con las señales no verbales que te ayudarán a hacer más énfasis y llegar a tu audiencia de manera más efectiva. El problema, por lo tanto, radica en la entrega general. Cuando dices algo incorrecto y fuera del guión preparado, tu audiencia podría reaccionar de manera negativa. Lo mismo sucede cuando tu lenguaje corporal no se alinea con lo que estás diciendo o no estás utilizando señales no verbales apropiadas para enfatizar puntos en tu presentación. Mostrar expresiones faciales y gestos incorrectos en el momento incorrecto es una fórmula para perder el interés de tu audiencia. Por lo tanto, debes practicar tanto los aspectos verbales como los no verbales de tu presentación, ya que estos son las claves para ofrecer una actuación convincente.

Puedes detectar una mentira usando el lenguaje corporal.

Ha habido muchos artículos publicados por expertos y no expertos por igual que afirman que ciertas señales de lenguaje corporal indican que una persona está mintiendo definitivamente. Esta tendencia fue más notable durante los años 70 cuando los defensores del lenguaje corporal creían que ciertas pistas no verbales pueden usarse para exponer a individuos mentirosos. Estos 'expertos' incluso afirmaban que las mismas técnicas podían usarse para resolver casos criminales. Es posible que ya conozcas la mayoría de estas señales y gestos no verbales. Aquí tienes algunas de ellas:

- Cubriendo la boca

- Tocando la nariz

- Voz aguda al hablar

- Cerrando los ojos

- Rasguñarse o tocar el cuello

- Tirando de la oreja

En 1985, algunos investigadores, entre los que se encontraba Paul Ekman, decidieron que era hora de analizar las afirmaciones científicamente para evaluar el mito. El resultado de la investigación mostró que al utilizar exclusivamente el lenguaje corporal como indicador de que alguien está mintiendo, solo hay un 50/50 de probabilidad de acertar, lo cual es prácticamente aleatorio.

En su informe, dijeron que las señales no indican directamente que una persona está mintiendo, sino que son simplemente indicaciones de que esa persona está estresada. Cuando una persona está estresada al responder una pregunta, eso no significa necesariamente que esté mintiendo. Es simplemente otra señal corporal entre muchas otras.

Esto es mucho más aparente en escenarios estresantes como una investigación criminal. Cuando una persona es acusada de cometer el delito, estará bastante estresada mientras pasa por la experiencia, ya sea culpable o no. Mostrará signos de estrés, lo cual es una reacción natural dada la situación que, en este caso, no debería interpretarse como engaño. Los niveles de estrés a veces pueden ser tan altos que la persona acusada puede admitir ser culpable solo para alejarse del penoso trance.

En resumen, detectar señales solo debería ser el comienzo del proceso de detección de mentiras y no debería ser utilizado como la única y concluyente evidencia. Las señales no verbales solo deberían ser tratadas como una de las muchas pistas. Para una discusión detallada sobre la detección de mentiras utilizando el lenguaje corporal, tenemos un capítulo completo dedicado a eso.

La cultura define el lenguaje corporal.

Paul Ekman también se involucró en la investigación científica durante su investigación pionera en 2003. En el estudio, se mostraron imágenes de personas mostrando seis expresiones faciales fundamentales a 21 personas, cada una perteneciente a diferentes culturas de todo el mundo. Las expresiones mostraban miedo, felicidad, tristeza, enojo, disgusto y sorpresa. Resultó que la mayoría de los sujetos de prueba pudieron reconocer las emociones mostradas.

El estudio incluso incluyó a una tribu aislada que aún vivía con herramientas y tradiciones antiguas y, también, fueron capaces de reconocer estas expresiones faciales y las emociones asociadas. La tribu mencionada fue el pueblo South Fore de Nueva Guinea, que estaba aislado de la cultura moderna, en particular la Occidental. Cuando vieron las imágenes, inmediatamente las asociaron con las emociones mostradas, pero tuvieron dificultades para distinguir entre sorpresa y miedo. Lo que Paul hizo fue tomar las imágenes de personas de la tribu mostrando miedo y sorpresa. Luego mostró las imágenes a estadounidenses y pudieron reconocer las emociones correctas mostradas. Esta investigación mostró que las expresiones faciales, al menos las más fundamentales, son universales y pueden ser reconocidas por la mayoría de las personas de cualquier parte del mundo.

Pero otras señales no verbales no son universales. Algunas de las formas y comportamientos que las personas exhiben se desarrollan a través de la condición cultural. Por lo tanto, personas de diferentes partes del mundo pueden estar expresando gestos que pueden significar algo diferente en diversas culturas. Aprender estos gestos y cómo son interpretados por diferentes culturas es muy crítico porque los errores pueden potencialmente llevar a sentirse ofendido, actuar de manera ofensiva y discriminar, aunque no fuera la intención original.

Por ejemplo, cuando una persona evita el contacto visual, generalmente se interpreta como una señal de engaño o mentira. Pero las personas de África o América Latina han sido enseñadas desde la infancia a no mirar directamente a los ojos de personas con autoridad como los ancianos, sus jefes, o líderes religiosos y políticos. Esto puede ser un problema en un escenario en el que un oficial de policía en un país occidental está interrogando a una persona con la mencionada crianza cultural. Esa persona tratará de evitar mirar a los ojos del oficial de policía porque esa reacción se desarrolló en él desde la infancia. El oficial de policía, en contraste, podría interpretar este gesto como una señal de que la otra persona está tratando de esconder algo. Para obtener diferencias culturales más detalladas en el lenguaje corporal, hay una discusión dedicada al tema en otro capítulo.

Para mostrar poder, coloca tus manos en la espalda.

Algunos entrenadores de lenguaje corporal pueden aconsejar a las personas que poner las manos detrás de la espalda es una muestra de autoridad o poder. ¿Prince Charles adopta la misma postura y él es de la realeza, verdad? Desafortunadamente, ese puede no ser el caso cuando imitas la postura.

Por el contrario, la mayoría de las personas que se enfrentan a esta postura en particular encuentran a la otra persona poco confiable. Esto significa que colocar tus manos detrás de ti porque quieres imponer superioridad sobre otra persona es un mito, después de todo.

Incluso hay una connotación negativa en este gesto. Generalmente, la otra persona podría interpretar tu acción de esconder las manos detrás de la espalda como una forma de ocultarles algo. Cuando quieras mostrar que estás abierto a ideas o no eres hostil, deberías exponer las manos, especialmente las palmas. Esto implica que no tienes nada que ocultar y es un gesto comprobado para establecer confianza y rapport.

Una persona con los brazos cruzados está siendo defensiva.

En su forma absoluta, esta afirmación es un mito. No deberías interpretar un solo gesto como una indicación de lo que la otra persona está sintiendo o tratando de decir. Los gestos deben ser leídos en contexto y se debe tener en cuenta el entorno o escenario. Estas señales no verbales deben ser interpretadas en conjunto en lugar de individualmente.

Una persona en una habitación fría sentada en una silla con los brazos cruzados sobre su pecho puede que no esté siendo defensiva. Simplemente podría estar sintiendo frío. Por eso todas las señales corporales deben ser interpretadas con referencia a todos los demás gestos y combinadas con las señales verbales.

El siguiente capítulo se sumergirá más en los conceptos básicos de la lectura de señales no verbales y debería proporcionar más conocimientos sobre cómo interpretar adecuadamente el lenguaje corporal. Un comportamiento o emoción en particular siempre se muestra como una colección de diferentes señales corporales. Confiar solo en una no te dará una lectura precisa.

Capítulo 7 - Cómo entender las señales no verbales y sus beneficios

Ya sea que estés con amigos o dentro de la oficina con colegas, el lenguaje corporal dice mucho sobre otras personas. Los estudios dicen que el lenguaje corporal comprende más del sesenta por ciento de la comunicación, lo que hace que aprender a leer o interpretar señales no verbales que otras personas envían sea una habilidad muy valiosa.

El lenguaje corporal puede revelar lo que las personas realmente están pensando y puede ser interpretado a través de varias señales de su comportamiento ocular y hacia qué dirección apuntan sus pies. Aquí hay algunos consejos importantes que pueden ayudarte a entender mejor el lenguaje corporal y entender a otras personas.

Comportamiento del ojo

El comportamiento ocular de la otra persona puede ser muy revelador. Cuando te comunicas con la gente, observa si evitan la mirada o mantienen contacto visual contigo. No hacer contacto visual directo puede implicar desinterés, aburrimiento y a veces incluso decepción, especialmente cuando esa persona aparta la mirada hacia un lado. Una persona que mira hacia abajo puede estar indicando sumisión o nerviosismo.

También puedes verificar si las pupilas de los ojos se dilatan, lo cual es una señal de que la otra persona está respondiendo favorablemente. Cuando hay un aumento en el esfuerzo cognitivo, las pupilas de una persona se dilatan, lo que significa que alguien está enfocado en lo que estás diciendo.

Este proceso de dilatación puede ser bastante difícil de detectar dependiendo de tu proximidad a la otra persona o el color de sus ojos, pero deberías ser capaz de detectarlo bajo condiciones adecuadas.

La frecuencia con la que la persona parpadea también puede significar mucho. Cuando las personas están estresadas o pensando demasiado, la frecuencia de parpadeo aumenta. Mentir o esconder algo también puede causar parpadeo rápido y es aún más evidente cuando la persona se está tocando la cara, particularmente en las áreas de la boca o la nariz.

Cuando alguien echa un vistazo a algo, puede ser una señal de deseo. Por ejemplo, una persona que echa un vistazo a la puerta podría estar señalando que quiere salir de la habitación. Echar un vistazo a otra persona podría significar el deseo de hablar.

Puede ser que puedas decir si una persona está mintiendo por el movimiento de sus ojos cuando hablan de algo. Cuando esa persona mira hacia arriba y luego a la derecha, puede indicar una mentira mientras que mirar hacia arriba y a la izquierda indica verdad. Esto se debe a que las personas miran hacia arriba y a la derecha al crear una historia a través de la imaginación y miran hacia la izquierda al recordar un recuerdo real.

Gestos faciales

Aunque puede ser especialmente fácil controlar la expresión facial, aún puedes encontrar algunas señales no verbales si estás suficientemente atento.

Enfoque en la boca de la otra persona al interpretar señales no verbales. Una sonrisa es un gesto muy efectivo y poderoso que puede contener importantes pistas no verbales. Las sonrisas se pueden clasificar en diferentes tipos, incluyendo las genuinas y las falsas.

Cuando una persona sonríe genuinamente, toda la cara está involucrada. Las sonrisas falsas solo involucran la boca. Una sonrisa genuina significa que la persona está feliz y disfruta de la compañía de las personas a su alrededor. Cuando alguien está fingiendo una sonrisa, puede ser para transmitir aprobación o placer mientras trata de ocultar lo que realmente se siente. La incertidumbre o el sarcasmo suelen expresarse con una media sonrisa que solo involucra un lado de la boca. Incluso puedes ver una mueca antes de la sonrisa falsa que puede indicar insatisfacción.

Una boca y labios relajados pueden indicar un estado de ánimo positivo y una actitud relajada. Los labios apretados pueden implicar desagrado. Cuando alguien se toca los labios o se cubre la boca con los dedos, puede indicar que esa persona está mintiendo.

Proximidad

La proximidad es cuán cerca estás físicamente de la otra persona. Observa cómo alguien se sienta o se para cerca de ti. Sentarse o estar de pie juntos puede indicar rapport entre las personas. Si la otra persona se aleja o se mueve, puede ser que estén pensando que la conexión no es mutua.

Diferentes culturas pueden tener diferentes opiniones sobre la proximidad aceptable durante las conversaciones. Esto se discutirá en detalle en otro capítulo.

Reflejando

Reflejar significa copiar el lenguaje corporal de la otra persona. Si la otra persona está reflejando tu comportamiento (postura, posición sentada o de pie, gestos, velocidad al hablar), puede indicar un deseo de establecer empatía. Para confirmar este comportamiento, cambia tu postura y observa si la otra persona también la imita.

Movimiento de cabeza

Los movimientos de cabeza también se consideran señales no verbales críticas. La señal universalmente aceptada para "sí" es asentir con la cabeza mientras que para "no" es mover la cabeza hacia los lados. Aprender a notar los sutiles movimientos de cabeza puede brindarte una comprensión más clara de los pensamientos de otra persona.

La otra persona podría estar de acuerdo verbalmente con lo que estás diciendo, pero has notado que sutilmente movió la cabeza hacia los lados. Puede ser complicado captar este movimiento, pero es una señal de que no está de acuerdo contigo en absoluto.

La velocidad del movimiento de la cabeza también puede ser una fuente de pistas. Un movimiento lento de asentimiento indica típicamente que la otra persona está genuinamente interesada y desea que sigas hablando. Un movimiento rápido de asentimiento puede implicar impaciencia.

Cuando la cabeza está inclinada hacia un lado, también puede indicar interés o sumisión a la idea. Pero si la cabeza está inclinada hacia atrás, esto suele ser una señal de que no te creen.

Gestos

Las señales hechas con las manos son muy obvias, lo que las hace un medio de comunicación no verbal muy directo. Cuando una persona señala algo sin decir una palabra, uno mira en esa dirección. Señalar pequeños números también es un gesto muy común. Un pulgar hacia arriba es un gesto común de aprobación, mientras que un pulgar hacia abajo dice lo contrario.

Aunque la mayoría de estos gestos pueden ser fácilmente interpretados y comprendidos, pueden tener diferentes significados en diferentes culturas. Por eso es importante conocer la educación cultural de la otra persona antes de usar ciertos gestos, ya que algunos de ellos pueden considerarse ofensivos u obscenos.

Posiciones y Movimientos de Brazos

Además de los gestos, la posición y movimiento de tus manos también entrega señales no verbales a la persona con la que estás hablando. Colocar un codo sobre tu escritorio y sostener tu cabeza con una mano puede indicar que estás enfocado y atento a la conversación. Pero cuando usas las dos manos, puede implicar aburrimiento.

Cuando pones tus manos detrás de tu espalda al conversar puede ser interpretado como enojo, engaño o aburrimiento. Cuando cruzas los brazos al frente, es una indicación de estar a la defensiva porque estás 'protegiéndote' a ti mismo.

Cuando pones tus brazos en las caderas mientras estás de pie y hablas con otra persona, es una señal de tomar el control o ser asertivo. En ciertas situaciones, algunas personas pueden verlo como agresión.

Tus Pies

Tus pies también pueden ser una fuente rica de señales no verbales al igual que tus brazos. De hecho, las señales mostradas usando los pies son más naturales y genuinas porque a menudo suceden intencionalmente.

Una persona que intenta engañar a alguien podría ser consciente de poder controlar los movimientos de las manos, la expresión facial o la postura, pero es fácil olvidar que los pies también envían señales. Los pies tienden a apuntar hacia la dirección a la que la mente desea ir. Esto es cierto ya sea que la persona esté sentada o de pie.

Si los pies de otra persona están apuntando hacia los tuyos, puede ser una señal de que te están recibiendo favorablemente y quieren que continúes la conversación. Si los pies están apuntando en dirección opuesta, esa persona podría estar pensando en alejarse de ti o en dejar la conversación. Puede que muestren interés sonriendo o fingiendo escuchar, pero los pies dicen lo contrario.

La posición de las piernas también puede dar pistas sobre los pensamientos internos de una persona. Piernas abiertas pueden significar que la persona está cómoda con la conversación, mientras que piernas cruzadas indican que están protegiendo su privacidad.

Posturas

Tal vez recuerdes que tu madre siempre te decía que no te

encorvaras. Encorvarse es malo para tu postura y la gente tiende a percibirte por cómo mantienes el cuerpo. Nuestra postura también puede ser una expresión de cómo nos sentimos.

La postura corporal muestra cuando te sientes seguro, abierto, sumiso o temeroso. Cuando te paras o sientas erguido con la cabeza en alto y la espalda recta, eres percibido como alguien alerta, activo y seguro.

Cuando mantienes esta misma postura erguida mientras escuchas a otra persona hablar, implicas que estás siendo atento y estás interesado en lo que se está discutiendo.

Cuando mantienes la cabeza baja mientras estás sentado o de pie con la espalda encorvada hacia adelante, es una señal de que te falta confianza o que estás triste o perezoso. También puede ser percibido como falta de interés.

Beneficios de entender el lenguaje corporal.

La gente se comunica con señales verbales y no verbales, por lo que saber cómo interpretar y leer las señales no verbales es tan importante como escuchar las palabras que se dicen. Aquí están los beneficios de entender el lenguaje corporal.
 1.
  Mejor conexión con las personas

Alrededor del 60-90% de la comunicación se lleva a cabo utilizando el lenguaje corporal según diferentes estudios. Aprender a leer el lenguaje corporal y expresarse mejor a través de él puede ayudar a establecer mejores conexiones con otras personas.

Aprender lenguaje corporal puede ampliar tus habilidades de comunicación. Con él, puedes captar gestos que pueden revelar más de lo que la otra persona está diciendo y te puede ayudar a ver la imagen más clara.

1. Aumentar las oportunidades de negocio

Aprender el lenguaje corporal es importante para los emprendedores. El reconocimiento preciso del lenguaje corporal de un cliente o socio puede ayudarte a hacer crecer tu negocio. Perder señales no verbales importantes puede llevar a malentendidos y afectar las relaciones comerciales.

Por ejemplo, estás haciendo una presentación de ventas y fallas en notar los gestos de un posible cliente. Él o ella puede estar mostrando señales de desinterés o aburrimiento. Si sabes cómo notar y leer estas señales, puedes ajustar tu propio lenguaje corporal para sincronizarlo con el de ellos y establecer de inmediato una conexión.

1. Prevenir conflictos.

Dado que una parte significativa de las comunicaciones humanas es no verbal, es especialmente importante detectar cuando las emociones negativas o los malentendidos comienzan a surgir durante una conversación. Cuando estamos molestos o enojados, tendemos a usar un tipo especial de lenguaje corporal. Adoptamos una posición corporal defensiva y también mostramos nuestra ira a través de expresiones faciales y gestos corporales.

Cuando eres consciente de estas señales no verbales, podrás interpretar con precisión la ira que proviene de la otra persona e implementar medidas para evitar que la situación empeore. Hay numerosas críticas negativas o incluso conflictos físicos que podrían evitarse si tienes conocimientos adecuados sobre el lenguaje corporal.

1. Mejorar la presencia personal.

Aprender sobre el lenguaje corporal no se trata solo de saber cómo interpretar las señales no verbales de otras personas, sino también de comprender las tuyas. ¿Qué tipos de señales de lenguaje corporal tiendes a enviar? ¿Cómo te percibe la otra persona y tus acciones? ¿Cómo están interpretando tu postura?

A medida que aprendes más sobre el lenguaje corporal, también te vuelves mucho más consciente de las señales no verbales que estás enviando. Pronto te das cuenta de la colocación de tus brazos, cómo inclinas la cabeza, cómo te sientas o te pones de pie, y otros gestos. También aprendes sobre sus significados para que puedas usarlos a tu favor.

En realidad, puedes estudiar el lenguaje corporal incluso sin otra persona alrededor. Nota que cuando estás viendo una película que te gusta en casa te sientes relajado y suelto. Pero cuando un personaje que no te gusta entra en escena, te pones más tenso y ansioso, ¿verdad? Puedes reaccionar cruzando las piernas y los brazos como una forma de 'bloqueo no verbal'. Eso es el lenguaje corporal en acción. Si no conocieras este gesto en particular, lo pasarías por alto como una reacción normal, que lo es. Pero tener conocimiento del lenguaje corporal te da la oportunidad de cambiar este comportamiento.

Otro beneficio significativo del lenguaje corporal en mejorar la presencia personal es que puedes usarlo para cambiar cómo te sientes. Por ejemplo, pararse, mantener la cabeza alta y expandir el pecho puede en realidad hacerte sentir mejor cuando estás deprimido, desanimado o deprimido. Mantén esta posición durante un par de minutos y comenzarás a sentirte más seguro y con más energía. Cuando mejoras tu lenguaje corporal, comenzarás a tener un impacto positivo no solo en otras personas sino también en ti mismo.

1. Abre tu mundo

El último modelo de un teléfono inteligente que te gusta está disponible y realmente deseas obtener uno. Notarás que los ves casi en todas partes. Verás a más personas teniéndolo, más anuncios mostrándolo e incluso personas conocidas hablando de él. ¿Significa eso que el producto se ha vendido miles de veces para que empieces a verlo más y más? Probablemente no. Tu atracción por ese teléfono inteligente ha entrenado tu cerebro para buscarlo, lo que explica por qué parece que lo ves mucho más a menudo.

Lo mismo se aplica al lenguaje corporal. Es posible que aún no seas consciente, pero hay muchas otras cosas sucediendo en una conversación además del intercambio de palabras. En media hora, una persona podría estar enviando más de 800 señales no verbales. Imagina la cantidad de información que podrías obtener si supieras cómo interpretarlas.

Saber interpretar el lenguaje corporal es como ver el mundo de manera más clara y precisa. Es una capa adicional de datos e información que puedes utilizar para comunicarte mejor.

Capítulo 8 - ¿Puedes detectar una mentira a través del lenguaje corporal?

Quizás la razón principal por la que las personas están interesadas en el lenguaje corporal es que quieren saber si están siendo engañadas. Estamos tan obsesionados con aprender a detectar mentirosos y tal vez incluso aprender a mentir efectivamente.

Todos mentimos, ese es un hecho dado. Lo hacemos incluso si es socialmente inaceptable o moralmente incorrecto. Algunas personas incluso han convertido la acción de mentir en un hábito y se han vuelto tan buenos mentirosos que se creen sus propias mentiras.

Vuelves a casa con tu esposa y mientras comes la cena que cocinó, ella te pregunta '¿Te gusta lo que preparé para ti, cariño?'. Mintiendo que la comida estaba buena aunque no lo fuera aumentando tus posibilidades de tener más cenas cocinadas en el futuro. Decir la verdad directamente podría haber cambiado la situación a una incómoda. Mentiste porque se beneficiarías de ello. Y esa es la razón principal por la que mentimos.

Esta es solo una aplicación y hay muchas áreas donde algunas personas podrían beneficiarse mintiendo. Un vendedor de autos usados tratando de cerrar una venta puede engañar a un posible comprador dando información inexacta o incluso omitiendo datos importantes. Incluso hay profesiones que pueden requerir que la gente mienta, como ser un espía. Cuando una persona es acusada y enfrenta mucho tiempo en la cárcel, mentir para salir libre se convierte en un gran incentivo. Aunque los problemas morales pueden impedirnos mentir, todo vale cuando se juega en grande.

Desde el desarrollo del lenguaje, los humanos lo han utilizado o abusado para mentir. Para contrarrestar esta decepción, se han desarrollado normas y rituales sociales y los miembros de estas sociedades debían adherirse a ellas para convertirse en miembros del grupo. Esto dio origen a la religión y junto a ella vinieron normas estrictas contra la mentira y castigos correspondientes para las personas que mentían ya sea en esta vida o en la próxima (como enseñan algunas religiones).

El lenguaje y los rituales evolucionaron juntos, lo que llevó a las sofisticadas sociedades de hoy en día con normas y culturas complejas sobre la mentira. Cuando éramos niños, nuestros padres nos decían que no mintiéramos, pero lo que predican podría no ser consistente con sus acciones o comportamiento.

Por ejemplo, una madre que planea una fiesta sorpresa para el padre podría decirle al niño que no le diga sobre el pastel dentro del refrigerador. Básicamente, eso es pedirle al niño que mienta y esta contradicción permanece con nosotros hasta la adultez.

El mundo está lleno de mentiras y mentirosos y también constantemente pensamos en mentir cuando creemos que nos conviene o es apropiado hacerlo. Por eso a todos les interesa detectar señales no verbales generalmente asociadas con el engaño. ¿Pero realmente puedes detectar si alguien está mintiendo?

Los investigadores del lenguaje corporal parecen estar divididos en dos grupos en cuanto a la precisión para detectar mentiras.

Un grupo cree que ciertos gestos pueden estar asociados con el engaño y si estos gestos se observan en conjunto, es una señal infalible de que la persona está mintiendo. Este grupo está representado por Allan Pease, quien ha enumerado y categorizado gestos asociados con mentir como rascarse el cuello, tocarse la nariz, frotarse el ojo, agarrarse la oreja, y así sucesivamente.

El otro grupo, liderado por Joe Navarro y acompañado por Aldert Vrij, Matsumoto y Paul Ekman, insiste en que los indicadores no verbales no pueden ser utilizados para concluir que alguien está mintiendo. Ellos creen que leer señales del cuerpo como tocarse la oreja, etc., es inútil porque las personas que se han vuelto muy buenas mintiendo ya saben cómo evitar estos gestos y podrán engañar a otras personas fácilmente. Estas son personas que obtienen la mayor ventaja de mentir y son tan cuidadosas de no ser descubiertas que tienden a sobrecompensar con sus acciones, como mirarte intensamente en vez de evitar el contacto visual.

Gestos comunes de mentir.

La mayoría de los gestos mentirosos son causados por el estrés. Cuanto mayor sea el nivel de estrés, más instintivamente mostramos señales no verbales. Estas señales no verbales pueden usarse para concluir que la persona está bajo estrés porque está mintiendo. Pero ten en cuenta que la situación estresante en sí misma puede hacer que la persona muestre signos de estrés y no porque esté mintiendo. Ser acusado de un crimen o ser arrestado son ejemplos de escenarios estresantes. Al evaluar estos gestos mentirosos, utiliza las cinco Cs del lenguaje corporal.

Tocarse la nariz. La persona hace varios frotamientos y toques en o justo debajo de la nariz. Cuando pensamos mucho o estamos bajo estrés, el cuerpo bombea más sangre hacia nuestro cerebro para ayudarlo a realizar los cálculos o análisis necesarios y también para ayudarlo a enfriarse. La mayor cantidad de sangre en la zona de la cabeza dilata los vasos sanguíneos en la nariz, lo que puede hacer que le pique. Normalmente, abordamos esta picazón rascándonos, de ahí este gesto clásico. Una vez más, considera todo antes de concluir que esto es una señal de mentira. ¡Una persona rascándose la nariz puede simplemente tener, bueno, una nariz que pica!

Tasa de parpadeo. El estrés puede hacer que una persona parpadee más y más rápido. Dentro de un tiempo determinado, cuanto más parpadeamos, más estresados estamos. Normalmente, parpadeamos cinco o seis veces en un minuto. Eso es una vez cada 10 a 12 segundos. Cuando estamos estresados, una persona puede parpadear cinco o seis veces en rápida sucesión. La producción de dopamina en el cuerpo afecta la tasa de nuestros parpadeos y el estrés puede inducir su liberación en el cuerpo.

Tocando los ojos. La persona se frota los ojos con el dedo. La fatiga se suele expresar frotándose los ojos con el puño cerrado. Frotarse los ojos con un dedo sugiere que la persona no quiere mirar hacia el mundo exterior, tal vez porque está mintiendo. Debido a sentimientos de vergüenza, un mentiroso puede no querer ver la cara de la otra persona y frotarse los ojos con un dedo lo logra.

Tocando la boca. La persona coloca un dedo o la mayor parte de la mano en la boca. Cubrir la boca tocándola con un dedo o con toda la mano podría ser una forma inconsciente de evitar que la boca diga una mentira. Es como detener físicamente las palabras que salen de la boca y este gesto se observa principalmente en niños. A medida que crecemos en la edad adulta, el gesto se vuelve más sutil, por lo que tal vez solo usemos uno o dos dedos. Aun así, es un indicador de que una persona podría estar diciendo cosas que no deberían ser dichas.

Tocar el cuello. El gesto podría incluir una o más de las siguientes acciones: estirar el cuello, arreglar la corbata, ajustar el cuello, tocar la hendidura delante del cuello, tocar los lados o la parte trasera del cuello y tocar el collar. Cubrir o tocar generalmente se asocia con defensividad y se exhibe comúnmente cuando una persona se siente amenazada. Al igual que la mayoría de las señales no verbales, tocar el cuello cobra más significado y expresión cuando la persona está emocional. Este gesto también se interpreta de manera diferente entre géneros. Las mujeres tienden a tocar la yugular o esa hendidura delante del cuello o tocar el lado ligeramente. Esto también puede mostrarse jugando con un collar. Los hombres, por otro lado, tienden a frotar la parte delantera, los lados o la parte trasera del cuello, lo que tiene un efecto calmante porque la acción estimula el seno carotídeo y los nervios valgos en un intento de reducir los niveles de estrés. Estos gestos a menudo sugieren engaño, inseguridad, sentirse amenazado y duda.

Esconder una mano o ambas manos. La persona esconde sus manos de la vista al ponerlas atrás, colocarlas debajo del escritorio o meterlas en los bolsillos. Cuando no podemos ver las manos de una persona, instintivamente nos volvemos sospechosos de que pueda estar ocultando algo amenazante. Esto nos hace desconfiados e incómodos. De nuevo, este gesto debe ser considerado en su totalidad porque no necesariamente significa que esté tramando algo. Busca otras señales no verbales mientras eres consciente de tu reacción inconsciente. Además, no deberías esconder tus manos al hablar con otras personas si quieres ganarte su confianza.

Sudoración excesiva. Una persona suda en exceso, y lo oculta tirando de su camiseta para dejar entrar aire, levantando o inclinando su sombrero, o peinándose algunas veces para refrescar su cabeza. Mentir puede ser estresante para la mayoría y cuando estamos estresados, sudamos más de lo normal porque nos sentimos más calientes. Entonces el sudor puede aparecer en el cuello, mejillas o frente de una persona que está mintiendo y él podría intentar ocultarlo refrescándose con los gestos mencionados. Pero antes de sacar una conclusión, considera otros factores que podrían haber causado la sudoración excesiva, como el clima, el entorno y la actividad física reciente de la otra persona.

Labios apretados o fruncidos. Una persona aprieta sus labios firmemente. Comprimir los labios es una reacción común cuando nos sentimos amenazados, preocupados, asustados o simplemente pasando por una emoción negativa. Los labios bien apretados podrían sugerir que la otra persona está estresada. Luego puedes buscar otras señales no verbales para ver si esa persona está mintiendo o tratando de engañarte.

Contacto visual. Una persona desvía la mirada o evita el contacto visual mientras te habla. El contacto visual es el gesto más controvertido cuando se trata de señalar la mentira. Generalmente, una persona que trata de evitar el contacto visual está mintiendo, aunque esto puede no ser cierto en todas las culturas o nacionalidades. Los latinoamericanos y africanos, por ejemplo, evitan el contacto visual como muestra de respeto a la autoridad. Como se mencionó anteriormente, los mentirosos habituales han perfeccionado el arte de mentir y algunos pueden adoptar la estrategia contraria y mirarte intensamente mientras hablan. Utiliza grupos de gestos en su lugar para interpretar más claramente las intenciones de la otra persona.

Hablando rápidamente. Una persona habla rápido y rápidamente, impidiendo eficazmente que otras personas hablen. Esa persona puede decir mucho hablando rápidamente, pero también puede distraer y confundir a los oyentes. A menudo, el objetivo es desviar la atención del tema principal y pasar al siguiente. Los vendedores suelen emplear esta técnica, al igual que aquellos que necesitan mentir para ganarse la vida o sobrevivir. Cuando te bombardean con detalles, tiendes a pasar por alto otros factores crucial y olvidar hacer preguntas importantes y, al final, te engañan.

Estrategias de demora. Esta señal no verbal se puede mostrar hablando lentamente cuando se requiere responder preguntas cruciales o creando distracciones como ajustar la ropa, mostrar interés en algo no relacionado con el tema en cuestión, intentar cambiar el tema, o invitar a alguien más a unirse a la conversación y cambiar el tema. Un mentiroso se toma su tiempo para pensar en la situación actual y hacer que la mentira sea más convincente. Para hacer esto, utilizará diferentes trucos no verbales para retrasar la respuesta a algunas preguntas o cambiar completamente el tema para escapar de la interrogación.

Acciones de un mentiroso

En lugar de depender de la memoria, pasan tiempo pensando en las respuestas.

Suelen tocar parte de sus cuerpos, lo cual es un signo de ansiedad o estrés.

- Trata de evitar el contacto visual (por culpa), o trata de compensar excesivamente haciendo más contacto visual de lo normal.

Observarte atentamente para ver si estás cayendo en el engaño.

Para protegerse, pueden adoptar un gesto defensivo inconscientemente.

- Habla menos para ocultar algunos detalles o habla mucho para confundir.

- Mantén repitiendo las preguntas formuladas para ganar más tiempo para pensar en sus respuestas.

Tender a usar largas pausas para obligarte a hablar y llenar el vacío

Tender a evitar preguntas sensibles e intentar cambiar el tema de la conversación.

Acciones de un decidor de verdades

- Tender a responder rápidamente desde la memoria y los hechos

- A gusto al hablar sobre el tema y muestra una postura cómoda y segura.

- Habla a velocidad normal porque no hay necesidad de pensar mucho

-Tener una postura abierta y mostrar las palmas de las manos al hablar

- Feliz de hablar sobre el tema todo el tiempo que sea necesario

Entonces, ¿realmente puedes detectar una mentira a través del lenguaje corporal? Todo depende de cuánto conozcas a la otra persona. Si conoces su patrón de comportamiento, su historia, y consideras todas las señales no verbales junto con las palabras habladas, es posible que puedas saber si esa persona está mintiendo o no. De lo contrario, se requiere una evaluación exhaustiva antes de poder concluir si la otra persona está tratando de engañarte, especialmente si son buenos en ello, como en el caso de los mentirosos habituales.

Sin embargo, conocer estos gestos comunes de mentira te da una ventaja cuando se combinan con otros factores como el carácter de la persona, las declaraciones verbales y las otras señales no verbales tomadas en contexto. El objetivo es buscar fugas emocionales o la exhibición inconsciente de emociones que se hacen más claras cuando el mentiroso está pasando por mucho estrés.

Capítulo 9 - Lenguaje Corporal en Diferentes Culturas

'Hay lenguaje en su ojo, su mejilla, su labio.' - Troilo y Crésida, William Shakespeare

Una gran parte de la comunicación no verbal entre humanos está compuesta por el lenguaje corporal. Utilizamos expresiones faciales, gestos y contacto visual para transmitir mensajes significativos sin necesidad de pronunciar una sola palabra.

Sin embargo, la forma en que se utiliza el lenguaje corporal puede diferir sustancialmente entre culturas. La mayoría de las veces, las diferencias pueden ser muy sutiles, pero a veces, son bastante obvias.

Al visitar mercados emergentes o trabajar en una empresa con una cultura diversa, interpretar los significados detrás del lenguaje corporal de otras personas puede resultar ser todo un desafío.

El Apretón de Manos

El apretón de manos parece ser un gesto universal de saludo. Eso se debe a la amplia cultura occidental. Pero incluso este simple gesto puede variar de una cultura a otra.

La firmeza esperada de un apretón de manos puede variar

dependiendo de la ubicación. Un apretón de manos fuerte y firme es percibido por los occidentales como una indicación de confianza, autoridad o calidez. Sin embargo, en la mayor parte del Lejano Oriente, un apretón de manos fuerte podría ser interpretado como un signo de agresión. Inclinar la cabeza es un gesto de saludo más aceptado.

Incluso las culturas occidentales pueden tener diferencias en la duración de los apretones de manos. Un apretón de manos firme y rápido es la norma en algunas partes del norte de Europa, mientras que en el sur de Europa, los apretones de manos son más cálidos y prolongados y ambas partes suelen tocar las manos entrelazadas.

En algunos países africanos, un apretón de manos flojo se considera el estándar. En Turquía, un apretón de manos firme se percibe como grosero. En países islámicos, los hombres no se dan la mano con mujeres que están fuera del círculo familiar.

Gestos con las manos

Para ‘ilustrar’ lo que estamos tratando de decir o para enfatizar puntos en nuestra discusión, a menudo usamos gestos con las manos. Pero los gestos con las manos pueden tener significados muy diferentes entre nacionalidades y culturas.

El signo 'OK' universalmente aceptado donde formas un círculo con tu pulgar e índice y extiendes el resto significa que estás llamando a una persona un idiota en Brasil, España o Turquía. Este gesto es un insulto para las personas homosexuales en Turquía, mientras que en Alemania y Francia esta señal significa 'nada' o 'cero' y es un signo de dinero en Japón, especialmente en un entorno profesional. Ten cuidado al usar este gesto en algunas culturas latinoamericanas, árabes y mediterráneas porque es una obscenidad para ellos.

El gesto del pulgar hacia arriba, otro gesto común que implica aprobación en las culturas europeas y americanas, significa 'vete al diablo' en las culturas del Medio Oriente y Grecia.

El gesto que haces al llamar a alguien rizando tu dedo índice con la palma hacia arriba es aceptado en Europa y América, pero se considera grosero en algunos países asiáticos como Singapur, Malasia y China. El gesto suele usarse solo para llamar a los perros en la mayoría de los países asiáticos y en algunas de estas culturas, incluso puedes ser arrestado.

En la mayoría de las culturas latinas y mediterráneas como Portugal, Italia, España, Cuba, Colombia, Brasil y Argentina, levantar el puño con el dedo meñique y el índice extendido es una forma de decirle a las personas que están siendo engañadas por sus cónyuges. Por eso la gente en estas partes del mundo se sorprendió cuando el Presidente George W. Bush hizo el gesto durante el Día de la Inauguración en 2005, aunque solo estaba imitando el logo del equipo de fútbol Texas Longhorn.

Expresiones faciales

En un estudio realizado por el Grupo Paul Ekman, crearon más de 10,000 expresiones faciales y las presentaron a diferentes culturas, tanto civilizadas como aisladas. Descubrieron que las personas de estas diversas culturas reconocieron más del 90% de las expresiones faciales comunes. La mayoría de las expresiones faciales se consideran universales.

Hay siete expresiones faciales que corresponden a emociones faciales particulares.

Felicidad - Las comisuras de la boca se levantan, los músculos alrededor de los ojos se tensan y las mejillas se levantan.

Tristeza - Esquinas de la boca bajadas; parte interna de las cejas levantadas.

Sorpresa - Cejas arqueadas, boca abierta, esclerótica expuesta, párpados levantados.

Miedo - Ojos abiertos de par en par, cejas arqueadas, boca ligeramente abierta.

Ira - Ojos saltones, cejas interiores juntas, labios firmemente presionados.

Disgusto - Labio superior levantado, mejillas levantadas, nariz arrugada, cejas fruncidas.

Contacto visual

El contacto visual es una indicación de atención y confianza en la mayoría de los países occidentales. Cuando alguien con quien hablamos siempre está mirando hacia otro lado, puede significar que no está interesado y está buscando a otras personas con quienes hablar.

El contacto visual entre personas del mismo género en la mayoría de las culturas del Medio Oriente es más intenso y sostenido en comparación con cómo lo hacen las culturas occidentales. En algunos países, los contactos visuales que persisten más allá de una mirada breve se consideran inapropiados y poco éticos.

Como es el caso en muchos países de América Latina, África y Asia, donde el contacto visual sostenido se considera confrontativo y agresivo. Estas personas son muy conscientes de la jerarquía, y ven evitar el contacto visual como una señal de respeto hacia los ancianos y jefes. En estos países, se enseña a los niños a no mirar fijamente a los adultos que les hablan y lo mismo ocurre entre empleados y jefes.

Las personas en Japón y Finlandia pueden sentirse avergonzadas cuando las personas las miran fijamente y el contacto visual se utiliza solo al comienzo de la conversación.

Así es como varía el contacto visual según la cultura:

- Debe usarse con cuidado en la mayoría de las naciones del Lejano Oriente

Debe usarse con limitaciones en culturas como Tailandia, Corea, Medio Oriente y África.

- A menudo se utiliza en gran parte de América del Norte y Europa del Norte

- Muy común en regiones que incluyen América Latina, Europa y las culturas del Medio Oriente y el Mediterráneo.

Movimiento de la cabeza

Como gesto de confirmación o para mostrar atención, las personas en algunas partes de la India inclinan la cabeza de un lado a otro. Este movimiento de cabeza se puede remontar a la ocupación británica del país, donde los indios tenían miedo de hacer gestos negativos a los soldados británicos, pero querían demostrar que comprendían.

En Japón, asentir con la cabeza significa que escuchaste la declaración de alguien pero no significa que estés de acuerdo.

Tocando la nariz y las orejas.

En la mayoría de las culturas occidentales, es perfectamente aceptable que las personas se suenen la nariz en un pañuelo o pañuelo. Sin embargo, la misma acción se considera sucia y muy grosera cuando se hace frente a un japonés.

Cuando los italianos se tocan la nariz al conversar, a menudo significa 'cuidado'. En el Reino Unido, el mismo gesto significa que el tema es confidencial.

Tirar las orejas en las culturas portuguesas significa que la comida está deliciosa. En Italia, este gesto puede tener connotaciones sexuales y cuando los españoles lo hacen, es una señal de que alguien no está pagando las bebidas.

Besando y usando los labios

Cuando los estadounidenses necesitan señalar algo, usan sus dedos. Sin embargo, los filipinos a menudo usan sus labios y podrían ser percibidos como ofreciendo un beso.

Besar en público en algunas culturas europeas para despedirse o saludar a un ser querido se considera normal. Estos gestos implican intimidad en las culturas asiáticas y solo se hacen en la privacidad de la casa.

Toque

El Lejano Oriente y el Norte de Europa se consideran

culturas de no contacto. Más allá del saludo de apretón de manos normalmente aceptado, el contacto físico se minimiza con personas a las que no conocen bien. Se espera una disculpa cuando uno roza el brazo de alguien aunque sea accidental.

La primera dama de EE. UU., Michelle Obama, acaparó titulares en 2009 cuando rompió el protocolo real al abrazar a la Reina Isabel. Algo que no se suele ver que haga nadie con la monarca que no sea un miembro de la familia.

En las culturas del sur de Europa, América Latina y el Medio Oriente, sin embargo, el contacto físico es un factor esencial en la socialización. En muchos países árabes, por ejemplo, los hombres se besan entre ellos y se toman de la mano al saludarse, aunque no hacen lo mismo con las mujeres.

En Corea del Sur, las personas mayores pueden tocar a los más jóvenes al pasar por la multitud, pero no funciona de la otra manera. En Tailandia y Laos, es irrespetuoso tocar la cabeza de alguien, incluso a un niño.

Aquí te explicamos cómo varía el contacto físico según la cultura:

Las culturas de bajo contacto evitan el contacto físico en general y las personas permiten distancia al hablar. Esta es una práctica vista en gran parte del Lejano Oriente.

Las culturas de contacto medio se tocan ocasionalmente y las personas se paran bastante cerca unas de otras. Estas culturas incluyen América del Norte y Europa del Norte.

En culturas de alto contacto, el contacto físico se puede ver con más frecuencia y las personas tienden a estar cerca.

Ejemplos de estas culturas son las naciones del Medio Oriente, el sur de Europa y América Latina.

Las reglas de contacto suelen ser muy complejas y pueden diferir dependiendo del estatus, profesión, etnia, género y edad de las personas involucradas.

Sentado

Cuando cenes o asistas a reuniones con personas de diferentes culturas, siempre debes ser consciente de tu postura. En Japón, por ejemplo, sentarse con las piernas cruzadas implica falta de respeto, especialmente si se hace frente a alguien que es más respetado o mayor que tú.

Puedes ofender a personas pertenecientes a algunas partes de India y Medio Oriente cuando muestras las plantas de tus pies o zapatos. El presidente George W. Bush experimentó esta falta de respeto en primera persona cuando alguien le arrojó un zapato mientras visitaba Iraq en 2008.

Silencio

El silencio se utiliza de maneras significativas por algunas culturas. En China, estar en silencio durante una conversación implica receptividad y se usa para mostrar acuerdo. En la mayoría de las culturas aborígenes, se espera un silencio contemplativo antes de responder una pregunta. El silencio, cuando proviene de mujeres japonesas, se considera una muestra de feminidad.

En la mayoría de las culturas occidentales, sin embargo, el silencio es visto como una acción negativa. El vacío en la comunicación es visto como problemático por la gente británica y norteamericana. El silencio es considerado incómodo durante las interacciones con amigos, en la escuela o en el trabajo. A menudo implica falta de interés o falta de atención.

Género

En la mayoría de las culturas, lo que se considera aceptable para los hombres puede no serlo para las mujeres. Un ejemplo obvio sería cubrirse la cabeza en las naciones musulmanas. Estrechar la mano de una mujer en las religiones del hinduismo e islam también se considera ofensivo.

Con un ingreso disponible mayor y un transporte moderno, las personas tienen más que nunca la oportunidad de visitar diferentes culturas en el mundo. Pero antes de visitar un país, debes aprender sobre los estilos de comunicación, valores y etiqueta de su gente tanto como puedas. El contacto físico, los saludos, el contacto visual y los gestos corporales pueden tener interpretaciones significativamente diferentes en distintas culturas y países.

Comprender estas diferencias culturales puede ayudar a mejorar la relación laboral y aumentar tus posibilidades de éxito en un mundo que cada vez es más multi-cultural y globalizado.

Capítulo 10 - Los Cinco C's de la Comunicación No Verbal

Para los antepasados humanos tempranos, las decisiones tomadas instantáneamente basadas en pistas visuales sutiles pueden significar vida o muerte. Las primeras impresiones todavía provocan respuestas automáticas hoy en día, pero estas pueden o no ser precisas.

¿Cuando ves a alguien con los brazos cruzados, piensas que simplemente se sienten a la defensiva usando sus brazos como barrera? ¿O es un acto de superioridad y dominancia? ¿O tal vez es simplemente una posición cómoda para ellos?

Las señales no verbales te ayudan a formar estas impresiones rápidas, y este es un instinto básico de supervivencia. Pero aunque esta habilidad innata puede ser natural y automática, no todas las primeras impresiones son correctas y precisas.

El cerebro humano está cableado de tal forma que responde automáticamente a determinadas señales no verbales y esto es resultado de millones de años de evolución. Pero nuestros ancestros enfrentaron desafíos y amenazas muy diferentes a lo que debemos enfrentar a diario.

Estas respuestas automáticas deben ser filtradas y analizadas porque ahora vivimos en una sociedad en la que matices y restricciones añaden capas a lo que podrían haber sido interacciones personales simples. Por ejemplo, en un entorno laboral en el que la cultura corporativa y las políticas añaden complejidad a las interacciones, lo que conlleva un conjunto diferente de pautas y restricciones de comportamiento.

En su libro 'The Nonverbal Advantage: Secrets and Science of Body Language at Work', la autora Carol Kinsey Goman formuló cinco filtros que puede utilizar para filtrar las primeras impresiones. Estos son la cultura, la consistencia, la congruencia, los grupos y el contexto, y se llaman colectivamente los cinco C de la comunicación no verbal.

Cultura

El patrimonio cultural influye en la comunicación no verbal. Al leer las señales no verbales, se debe tener en cuenta la cantidad de estrés que la persona está experimentando. Un alto nivel emocional provoca gestos específicos de ciertas culturas.

Entender las diferencias culturales puede ayudarte a leer el lenguaje corporal de manera más precisa. Tomemos los gestos simples para 'sí' y 'no' por ejemplo. Cuando estás de acuerdo con algo mueves la cabeza hacia arriba y hacia abajo, de lo contrario lo haces de lado a lado. Este es un conjunto común de gestos para muchas culturas. Sin embargo, los esquimales lo hacen de manera diferente. Y qué gran malentendido podría haber sido si interpretaras el gesto de manera incorrecta.

Otra diferencia cultural obvia es la proximidad al hablar con otra persona. Las personas se paran más cerca una de la otra al hablar en países del Medio Oriente y esto es una norma aceptada en su cultura que muestra más intimidad y cercanía. Sin embargo, los occidentales respetan el espacio personal de otras personas y tienden a dejar un espacio más grande entre ellos.

Las culturas pueden diferir no solo entre países, sino también en diferentes regiones del mismo país. Tomemos Japón, por ejemplo. En Tokio, la capital de la nación, es común ver a personas corriendo a medias mientras intentan llegar a tiempo al tren o autobús en su camino al trabajo. Esto contrasta con el paso tranquilo de las personas de las provincias de Japón.

Otro factor que puede cambiar el lenguaje corporal de una persona es su profesión. Una persona parada o sentada con la espalda recta puede ser vista como alguien rebosante de confianza, mientras que alguien con los hombros encorvados y la espalda encorvada puede ser percibido como un introvertido. Alguien que ha sido entrenado en danza ballet o en el ejército tendrá una postura erguida y correctamente recta, mientras que aquellos que pasan sus días en trabajos de oficina podrían tener siempre una postura encorvada. Pero sus posturas no necesariamente definen su personalidad ni sus señales de comunicación no verbal.

Comprender la cultura en la que te encuentras actualmente mientras intentas interpretar el lenguaje corporal es fundamental, ya que esto puede modificar significativamente las señales.

Consistencia

La línea base del comportamiento de una persona es cuando se encuentran en una condición relajada o libre de estrés. Comprender esta línea base es importante al tratar de compararla con gestos provocados por el estrés u otros estímulos.

Observa a una persona. ¿Cómo suele estar de pie o sentarse cuando está relajado? ¿Cómo suele mirar alrededor? Cuando se habla de un tema no amenazante, ¿cómo responde? Esta línea de base de comportamiento puede ayudarte a reconocer cambios significativos en los gestos de una persona en diferentes situaciones.

Un maestro podría tener a un estudiante en clase sosteniendo la cabeza con la palma de la mano y rápidamente interpretarlo como aburrimiento. Pero si el maestro busca coherencia, podría aparecer un patrón que anule esta primera impresión. Entonces, en lugar de culparse a sí mismo por la calidad de su conferencia, puede hablar con el estudiante sobre qué lo hace sentir cansado al venir a clase.

Esta es una técnica que a menudo usan los interrogadores de la policía cuando buscan deshonestidad en un sospechoso o testigo. Comenzará con preguntas que no representan una amenaza para poder establecer una línea base del comportamiento de la persona cuando no tienen razones para mentir. Luego empezará a plantear temas más difíciles en la conversación y buscará cambios significativos en el lenguaje corporal que puedan indicar que la persona está mintiendo.

Básicamente, necesitas examinar si el comportamiento que está mostrando la otra persona es atípico. Si se sabe que es alguien que habitualmente mantiene la calma, las señales de advertencia deben tener aún más peso. Conocer el comportamiento base de esa persona es muy útil antes de intentar interpretar sus expresiones.

Concordancia

Cuando una persona habla y puedes sentir que las palabras, el tono de voz y el lenguaje corporal están diciendo lo mismo, hay una buena posibilidad de que estés recibiendo una señal verdadera. Pero cuando esa persona dice una cosa, pero las señales no verbales no muestran un patrón similar, debes estar alerta de que están tratando de engañarte.

Esto se llama prueba de congruencia. Cuando los pensamientos y palabras de una persona están alineados, lo que significa que creen lo que dicen, verás que su lenguaje corporal corrobora lo dicho.

Si estás viendo señales reveladoras de incongruencia, es posible que puedas concluir que la otra persona no está diciendo la verdad. Una persona que esté de acuerdo con lo que dijiste mientras mueve la cabeza de lado a lado o dice que está contenta con los hombros encorvados y la cabeza inclinada hacia abajo son ejemplos de incongruencia.

Supongamos que tuviste una discusión con tu pareja y cuando te acercaste a ella después de una hora para preguntar si todavía está enojada contigo, ella respondió '¡NO!' con voz firme y brazos cruzados, ¿qué crees que es la respuesta real? Puedes estar bastante seguro de que ella quiso decir lo contrario porque su respuesta verbal no está en congruencia con su lenguaje corporal.

La incongruencia puede no ser un signo de una mentira intencionada y la persona puede estar experimentando un conflicto interno sobre lo que están diciendo versus lo que realmente piensan sobre el tema.

La congruencia entre el lenguaje corporal y verbal ayuda a crear una confianza más sólida entre dos partes. Puede ser entre una persona y otra o con una audiencia. Cuando tus señales verbales están alineadas con tu lenguaje corporal, eres percibido como auténtico y las personas verán que eres alguien digno de su confianza.

Agrupaciones

Durante una conversación, es posible que veas docenas de señales no verbales diferentes de la otra persona. En situaciones como esta, no deberías atribuir un significado significativo a ninguna acción individual. En su lugar, debes buscar conjuntos.

Un cluster de gestos es un grupo de acciones, posturas y movimientos que indican un punto común. Un gesto único como cruzar los brazos puede interpretarse con diferentes significados o puede que no tenga ningún significado en absoluto. Pero cuando se combina con otras señales no verbales como una mirada severa, un gesto de cabeza, o un ceño fruncido, el significado se vuelve más claro.

Por eso siempre debes estar buscando grupos de comportamiento. Un solo gesto, cuando se ve independientemente, podría tener un significado diferente cuando se combina con otras señales no verbales.

Una cara triste puede o no indicar ansiedad, pero si ves otras muestras, los síntomas comienzan a ser más claros. Otros signos pueden incluir movimiento de los pies, cambio de peso, tragar con dificultad, parpadeo rápido, sudoración excesiva y frotarse las palmas que se pueden ver en la otra persona indicando un ataque de ansiedad. Algo que es difícil de concluir si solo te enfocas en una acción singular.

Un liderazgo efectivo, por ejemplo, requiere que te pongas al mismo nivel que los miembros de tu equipo. Durante una reunión de personal, puedes quitarte la chaqueta y sentarte en el centro en lugar de en la cabecera de la mesa, lo cual podría indicar informalidad para que los demás a tu alrededor se sientan más relajados. Pero esto se puede enfatizar aún más inclinándote hacia adelante cuando alguien habla, manteniendo contacto visual y mostrando interés en el tema. Esta es una forma efectiva de llevar a cabo una reunión en la que haya un intercambio abierto de preguntas e ideas sin tener en cuenta el cargo o rango.

Contexto

El contexto se trata de considerar todo lo que está sucediendo alrededor de las señales no verbales, como la ubicación, lo que ocurrió previamente, cualquier otra cosa que esté sucediendo y otros factores que pueden afectar el lenguaje corporal. El significado detrás de la comunicación no verbal puede cambiar significativamente cuando el contexto también cambia.

Tomemos el cruzar los brazos como ejemplo. Cuando una persona está siendo regañada y cruza los brazos, eso puede significar que está siendo defensiva y está preparando una respuesta. Pero cuando es la otra persona la que cruza los brazos, puede significar una muestra de superioridad o autoridad.

La ubicación también tiene un efecto significativo en el significado detrás del lenguaje corporal. Una persona que tiembla ligeramente y se encorva mientras espera en la parada del autobús podría estar pensando '¡hace mucho frío aquí afuera!'. Mientras que otra persona que hace las mismas acciones pero está sentada sola dentro de una oficina cómoda podría estar pensando '¡necesito ayuda!'.

Cuando piensas en un hombre agitando los brazos y gritando fuerte, es posible que inmediatamente lo interpretes como una reacción al peligro. Pero cuando otro hombre está haciendo la misma acción durante un partido de fútbol, tu percepción de su comportamiento cambia.

Cuando estás teniendo una conversación informal con un amigo y se toca la nariz, eso generalmente no significa nada o solo que tiene comezón en la nariz. Pero si ese mismo amigo está en el estrado de testigos y no se ha tocado la nariz en una hora pero lo hace cuando se le hace una pregunta intimidante que podría indicar engaño. El contexto cambió tu percepción de su lenguaje corporal.

La relación entre dos personas también puede afectar significativamente el contexto. Cuando hablas con tu compañero de equipo, jefe o cliente, es posible que muestres diferentes señales no verbales dependiendo de con quién estás comunicándote. Otros factores que debes considerar son encuentros pasados, hora del día y el entorno de la conversación (público o privado).

Capítulo 11 - El Arte de la Seducción a Través del Lenguaje Corporal

El acto de atraer a una pareja es innato entre todos los animales, incluidos los humanos. A menudo vemos documentales de aves macho haciendo bailes de cortejo para llamar la atención de la hembra y ganarse el derecho de aparearse con ella. Otros animales compiten por atención a través de medios físicos donde el ganador se convierte en el padre de la futura descendencia de la manada.

Llamando la atención

¿Alguna vez has visto una escena de películas en la que una mujer deja caer un pañuelo al suelo y luego se agacha a recogerlo, lo que llama la atención de los hombres? Ese es un movimiento clásico de seducción. Incluso puedes intentarlo tú mismo. Deja caer una servilleta, un reloj, un libro o un guante y luego recógelo.

Estamos programados para notar acciones o movimientos, así que otras personas te notarán cuando hagas este movimiento y llamarás la atención sobre ti mismo. Llamar la atención de una pareja potencial es un rompehielos y un buen primer paso.

Apareciendo Vulnerable

Para las mujeres, esto se hace mostrando la parte de atrás de la muñeca o inclinando el cuello y exponiéndolo. Para ambos sexos, se puede hacer usando una camisa con el cuello abierto y luego tocando la clavícula o el cuello mismo.

Entonces, ¿cómo funciona esta acción para seducir al otro sexo? Bueno, la parte trasera de la muñeca y el cuello se consideran partes vulnerables del cuerpo. Cuando muestras estas partes descubiertas o desprotegidas a otra persona, es una indicación de que no les temes, y estás poniendo tu confianza en ellos. Este lenguaje corporal vulnerable también podría implicar que estás dispuesto/a a confiar otras partes vulnerables de tu cuerpo.

Reflejando

Este movimiento se realiza imitando o copiando las acciones del objetivo de tu seducción. Cuando esa persona cruza las piernas, tú haces lo mismo. Cuando ella se toca el cuello, lo imitas. Cuando él se cepilla el cabello con las manos, haces lo mismo.

Cuando copias los movimientos de la otra persona y te mueves en sincronía con ella, los lenguajes corporales se igualan. Él lo verá como una implicación de que tus pensamientos son los mismos. Inconscientemente, la otra persona reconocerá la señal no verbal y durante este encuentro comenzará a sentirse cada vez más cómodo contigo. En general, naturalmente nos sentimos atraídos por personas que son como nosotros, no tanto en apariencia física, sino más en pensamientos y acciones. El reflejo es un movimiento inconsciente que lo convierte en una técnica de seducción muy efectiva.

Siendo Más Visible

Caminar o estar cerca del objeto de tu seducción. Asegúrate de estar dentro del campo visual de esa persona y hazlo con más frecuencia en comparación con otros, para que destaques. Chocar intencionalmente con esa persona unas cuantas veces hará que seas una cara familiar. Para romper el hielo, también puedes iniciar conversaciones pequeñas para que ya no sean desconocidos.

Si las personas te ven a menudo, es probable que se interesen cada vez más en ti. Esta familiaridad llevará al interés. Este es un método utilizado por políticos y personas en el mundo del espectáculo. Estar cerca de tu objetivo con frecuencia y más que otros. Con el tiempo, tu objetivo prestará más atención a ti.

Como práctica, simplemente di hola a alguien que no conoces y hazlo en varias ocasiones diferentes. Eventualmente, te convertirás en un rostro familiar para esta persona. La familiaridad hace que sea más fácil interactuar con esa persona. Luego puedes convertirte en amigos y tal vez llevarlo a un nivel más alto después de algún tiempo.

Si no eres notado por tu objetivo, no estás siendo seductor. El lenguaje corporal de seducción siempre trata de atraer la atención.

Apareciendo accesible

Hay dos mujeres que son igualmente atractivas físicamente. Una tiene los brazos cruzados y la cabeza erguida. La otra tiene la cabeza inclinada hacia abajo y te mira con los ojos. ¿Con cuál te parece más accesible? Por supuesto, es la segunda dama.

Trata de imaginar a un niño mirando a un padre. Este gesto clásico es una imitación de esa mirada. Un niño siempre mirará hacia arriba debido a la diferencia de altura y con los ojos muy abiertos. Es un gesto de inocencia y es a menudo utilizado por las niñas, consciente o inconscientemente.

Puedes usar el mismo gesto que un adulto e implicar sumisión a tu objetivo, indicando que eres acogedor y fácil de abordar.

Tocando

Toca el hombro de tu objetivo. Toca o sostén su mano. Tocar es un movimiento seductor muy efectivo que también es exhibido por otros animales.

Cuando estás tratando de seducir a una persona a la que todavía estás conociendo, un toque accidental puede ser un gran catalizador. Puede ser un toque muy ligero cuando están sentados cerca uno del otro o al intercambiar algo. Ese toque servirá como un rompehielos y es un buen punto de partida para seducir a esa persona. Esta técnica de señal no verbal funciona muy bien con personas que provienen de culturas que son algo reacias al contacto físico.

El acto de tocar puede ser muy poderoso. Una investigación mostró que las camareras que tocan levemente a sus clientes al entregar la cuenta reciben propinas más grandes que aquellas que no lo hacen. Los clientes no eran conscientes del toque y simplemente sentían la necesidad de dar una propina más alta. Esta es una técnica utilizada por muchas camareras. El toque en realidad se registra de manera inconsciente, y los receptores no son conscientes en absoluto del acto.

Siendo simétrico

Existe una correlación entre la selección sexual y la simetría, como lo muestra la investigación. Encontramos los cuerpos y rostros simétricos muy atractivos. Esta atracción por la simetría se puede remontar a la evolución humana. Aquellos poco saludables o no aptos a menudo tienen cuerpos asimétricos y pueden ser vistos como no aptos para la reproducción. Por eso, las personas con rasgos simétricos son vistas como más sexualmente atractivas que aquellas que no lo son.

En un estudio realizado por Annika Paukner y Anthony Little en monos macacos, descubrieron que estos monos tienden a mirar a caras simétricas por más tiempo que a las asimétricas. Una cara simétrica puede ser percibida como un indicador de buena salud. Usar ropa o maquillaje que te haga lucir más simétrico puede hacer que luzcas más atractivo/a para el sexo opuesto.

Siendo excéntrico.

La apariencia de ser exótico o excéntrico implica aventura. Cambia tu look y sorprende a la gente luciendo diferente de lo aburrido y ordinario. Un poco de pompa o ceremonia al presentarte puede ayudar a crear una impresión duradera.

Esta técnica fue utilizada por la maestra de seducción en persona, la Reina Cleopatra de Egipto.

En el año 48 a.C., Julio César se encontraba en una reunión con sus generales dentro de un palacio egipcio. Un guardia se acercó a César diciéndole que un mercader quería darle un regalo valioso. Cuando se permitió la entrada al mercader, llevaba consigo una gran alfombra enrollada. Cuando la alfombra se desenrolló, dentro estaba la joven Reina Cleopatra semidesnuda. César y todos los demás se quedaron sorprendidos.

Este acto fue cuidadosamente planeado por la Reina y César lo encontró tan seductor que por 4 años estuvo bajo el hechizo y encanto de Cleopatra. Ella continuó con el elaborado juego de seducción y cautivó por completo al General romano.

Las primeras impresiones son las que perduran, así que debes planificar bien tu entrada. Combinado con un aspecto aventurero y un lenguaje corporal seductor, estarás destinado a ser recordado por tu objetivo.

Capítulo 12 - Cómo Mostrar Dominancia a Través del Lenguaje Corporal

Las personas que quieren implicar estar a cargo suelen usar señales no verbales dominantes. Estas personas pueden no ser conscientes de que estas señales de lenguaje corporal ni siquiera estén al tanto de que lo están haciendo, y puede ser simplemente un factor de su personalidad dominante.

Utilizado correctamente, mostrar dominancia a través del lenguaje corporal puede ayudarte a ganar respeto y popularidad, un método usualmente empleado por los políticos durante el periodo de campaña. Aquí tienes algunas acciones que expresan dominancia.

Apareciendo más grande

Aparecer más grande y poderoso es un factor importante para mostrar dominancia y esto se puede rastrear hasta las raíces prehistóricas del hombre. Esta acción también es muy evidente en los animales donde las disputas por la dominancia suelen resolverse mediante comparaciones de tamaño, evitando altercados a las partes involucradas.

Este sesgo de comportamiento fue heredado por los humanos modernos y se puede ver practicado al competir con otros. Utilizando el mismo tamaño y señales de lenguaje corporal, intentan mostrar su superioridad aparentando ser amenazantes y deben ser evitados. Aquí hay ejemplos de estas señales de tamaño:

Haz que tu cuerpo parezca más grande. Una persona más grande suele ser vista como más dominante y más amenazante. Si tienes la ventaja de la altura, entonces qué bueno para ti porque ya eres grande, y este efecto te viene naturalmente. Es una de las principales razones por las que las personas más altas tienden a tener más éxito que otros no solo en deportes sino también en el mundo corporativo. Para los más pequeños, aquí tienes algunos gestos, posturas y trucos de lenguaje corporal para parecer más grandes.

o Coloca tu mano en tus caderas. Esto te hará parecer más ancho de lo que eres usualmente, aumentando así tu tamaño.

o Párate erguido. Enderezar la espalda puede agregar pulgadas a tu altura.

o Siéntate o párate con las piernas separadas. Esto se aplica a los hombres y al igual que poner las manos en las caderas, también añade a tu 'anchura'.

o Mantén la cabeza y el mentón en alto. Otra técnica que puedes usar para aumentar tu altura.

- Ponte más alto. Cuando estás de pie más alto que la otra persona, estás en una posición más dominante que te otorga una ventaja natural. Puedes lograr esto mediante:

o Ponte de pie mientras la otra parte se sienta. Esto te da instantáneamente la ventaja de altura.

o Párate en una plataforma o escalón para darte altura extra en comparación con la otra persona.

o Mantente erguido y recto. Ponte de puntillas si es necesario.

o Llevar un sombrero grande o usar tacones altos

o Estila tu cabello para hacerte ver más alta. Esta es una práctica común entre las mujeres.

Recuerda, las personas que se hacen parecer más grandes o más grandes buscan ser más dominantes, amenazantes o poderosas.

Reclamando Territorio

Los humanos son bastante territoriales, gracias a nuestros orígenes y herencia ancestrales. Las personas emiten muchas señales territoriales y puedes usarlas para predecir el comportamiento. Al intentar ser más dominante, puedes realizar las siguientes señales no verbales para reclamar territorio:

Reclama un área específica en una sala de conferencias, centro de exposiciones, sala de juntas u oficina, y espera que otras personas cumplan con las reglas que establezcas para esa área.

- Invade el espacio personal de la otra persona para implicar dominio. Incluso puedes enfatizar el acto con un toque como sostener ligeramente el brazo o palmear la espalda de la persona, lo que indica posesión. Un estudio mostró que la muestra de afecto no siempre es la razón cuando un hombre toca a una mujer. En cambio, puede ser una muestra de dominio o posesión.

- Invadir un área actualmente propiedad de la otra persona. Puede sentarse en el borde de la mesa de esa persona o en su silla, lo cual es un gesto común de dominancia. Este movimiento es a menudo utilizado por gerentes o jefes autoritarios que invaden el territorio de otras personas para mostrarles quién manda.

- Toca o sostén las pertenencias de la otra persona. Cuando este gesto se hace con una compostura relajada, esto implica que posees lo que ellos poseen, lo cual es otra indicación de dominación. Puedes tomar el bolígrafo o teléfono favorito de la otra persona o reorganizar su escritorio. Es como decir 'lo tuyo también es mío y no puedes hacer nada para detenerme'.

- Camina por el centro del pasillo para que otras personas se mantengan fuera de tu camino. Esto es una reclamación de territorio común que implica autoridad y dominio sobre los demás. Lo mismo se puede observar en algunos conductores durante el tráfico intenso, donde no permiten que otros conductores se incorporen a su carril.

Cuando la sala de reuniones tiene una mesa larga, siéntate en un extremo. Esta posición suele estar reservada para alguien con un rol o poder superior. Sentarse aquí enfatiza tu dominio sobre los demás.

Al hablar con un grupo, sitúate en el centro, lo que obliga a los demás a prestar atención a lo que estás discutiendo. Dado que tu espalda estará vulnerable, asegúrate de que las personas en las que confías estén detrás de ti.

Señalando Superioridad

Hay varias señales de poder directas o indirectas que puedes mostrar si quieres parecer dominante, especialmente en contextos sociales. Puedes planificar estas señales o improvisar cuando sea necesario. Estas señales de poder pueden ser una combinación de lenguaje verbal y no verbal. Aquí tienes algunas técnicas que puedes usar:

Demostración de dominancia a través de la riqueza.

- Viste ropa cara, reloj, joyas, accesorios y maquillaje. Hacerlo te hace parecer rico, poderoso y bien conectado.

Muestra tus posesiones de forma indirecta. Esto se puede hacer pagando facturas costosas de manera relajada, mostrando el último teléfono móvil de gama alta o conduciendo un coche caro.

Demostración de dominancia a través del control.

Ordena a un empleado o miembro del equipo que te traiga algo delante de otra persona. Esto implica que estás a cargo del área. Por ejemplo, puedes decirle a alguien que te traiga una taza de café, que imprima un informe determinado de inmediato, o hacer que llamen a otra persona y la traigan a la sala de reuniones.

Controlar y dar órdenes también se puede combinar con una muestra de riqueza para enfatizar importancia. Por ejemplo, llame a su secretaria en presencia de otros y pídale que le reserve un vuelo en clase ejecutiva, un hotel de cinco estrellas con todos los lujos, y un coche de lujo con chofer. Mostrar que puede conseguir lo que quiere indica poder y dominio, y esto es un gesto que suele ser exhibido por ejecutivos corporativos de alto nivel para impresionar a sus clientes.

Controlando el tiempo

No, no necesitas una máquina del tiempo para esta técnica. Al igual que dominar el espacio de otras personas, también puedes controlar su tiempo estableciendo un ritmo para que lo sigan. Puedes usar señales no verbales para ejercer presión temporal sobre otras personas. Aquí tienes algunas técnicas verbales y no verbales que puedes usar:

Interrumpir

- Interrumpir una discusión al salir temprano o llegar tarde

Apresúrate, otras personas

Establecer un ritmo rápido para que otras personas lo sigan.

- Camina dando zancadas amplias. Esto implica que estás decidido a alcanzar un objetivo rápido y que estás seguro de tus acciones. Cuando estás caminando con otra persona, camina un poco más rápido para marcar tu propio ritmo.

Esto muestra quién está a cargo y la persona más lenta se verá obligada a caminar rápido también para mantener el paso.

-Habla más rápido de lo habitual. Esto obliga a los demás a hablar rápido también y te da el control de su tiempo.

Ralentiza a otras personas

Al hablar con otra persona, interrúmpelo pidiendo una conversación concisa y breve. Esto implica que valoras tu tiempo más que el suyo. También puedes usar esta técnica al romper el ritmo establecido por otra persona para cambiar el enfoque de la discusión. Esto también puede ser efectivo para contrarrestar el ritmo apresurado de una persona dominante.

Expresiones faciales

Para mostrar dominancia, es importante usar ampliamente expresiones faciales para demostrar poder y control. Aquí tienes algunos ejemplos.

Evita el contacto visual. Para sugerir que alguien no es importante para ti, simplemente puedes evitar mirarlo.

- Mantén contacto visual prolongado. Cuando miras intensamente a la otra persona mientras argumentas un punto, implica que respaldas tus palabras y no cedes ni un ápice. También muestra dominancia, ser poco cooperativo y no dispuesto, y tener determinación.

- Mantén una expresión facial neutral. Esto puede ser muy útil durante las negociaciones porque hacer esta expresión facial puede ser interpretado por la otra persona como que no estás impresionado. Cuando mantienes esta expresión facial mientras otra persona está presentando su producto o caso con entusiasmo, puede hacer que se desanime. Esto se exhibe a menudo durante debates académicos cuando un experto en un dominio o materia, como un profesor, quiere mostrar dominio al demostrar que no está interesado en las ideas de la otra persona.

- Sonríe con moderación. Las personas que quieren mostrar dominancia sonríen menos a menudo que las sumisas. Aunque existe la posibilidad de que a algunas personas no les gustes, sonreír menos a menudo muestra que vas en serio y estás en control.

Muestra tu entrepierna (Aplicable solo a hombres)

Por supuesto, necesitas tener puestos los pantalones cuando hagas este movimiento o corres el riesgo de pasar la noche dentro de la cárcel. Ponte de pie con los pies separados a la anchura de los hombros con ambos pies firmemente plantados en el suelo. Esto se llama exhibición de la entrepierna en posición de pie y es una forma muy masculina de resaltar tus genitales para mostrar dominio o superioridad. Puedes enfatizar este movimiento 'ajustando' o 'tocando' ligeramente el área de la entrepierna. También puedes hacer esta técnica sentado abriendo las piernas y las rodillas.

Es muy poco común que las mujeres muestren este gesto porque puede ser interpretado como una invitación a la intimidad sexual aunque algunas lo hacen como un gesto de fortaleza e igualdad con los hombres.

Contrarrestar la dominancia

Pero ¿y si otra persona en la habitación está mostrando dominancia utilizando las técnicas mencionadas anteriormente? Puedes desviar sus acciones utilizando estas estrategias no verbales:

Devuelve la mirada. Si la otra persona te mira a los ojos más tiempo de lo que consideras normal, mira de vuelta y devuelve la mirada. Al hacerlo, es posible que te distraigan sus penetrantes ojos, pero hay un truco para eso. En lugar de mirar directamente a sus ojos, imagina un triángulo formado por los ojos y la frente y luego mira al centro de ese triángulo.

Iniciar el primer contacto. Justo antes de que esa persona esté a punto de tocarte, tócalo primero. O contraataca con tu propio toque cuando te haya tocado. Esto muestra que no eres alguien con quien meterse o dominar.

Tómalo con calma. Cuando la persona dominante esté tratando de apurarte, respira lentamente, mantén la calma y baja el ritmo. Esto puede implicar que no hay necesidad de apurarse. Demuestra que el ritmo más lento que estás tratando de establecer es más ideal y mantente persistente al respecto. Esto se aplica tanto para caminar como para hablar.

Usa el humor. Una persona dominante siempre busca tomar el control de las conversaciones. Rompe esa dominancia contando un chiste y recupera el control de la conversación. Puedes hacer reír contando un chiste o utilizando acciones divertidas no verbales. Puedes aprovechar este momento para volver la discusión a tu tema preferido.

El lenguaje corporal se puede utilizar para mostrar dominancia e influir en la acción de los demás. También se puede utilizar para contrarrestar la dominancia impuesta por otros.

Capítulo 13 - Causando una Gran Primera Impresión Utilizando el Lenguaje Corporal

Las primeras impresiones duran - es un cliché y un hecho. Hay situaciones en las que solo se te dará una oportunidad para causar una impresión y arruinarla puede significar que nunca más tendrás esa oportunidad. Puede ser una entrevista para un trabajo, una presentación de ventas a un cliente potencial, o simplemente impresionar a otra persona.

Si comienzas con una buena impresión cuando te presentan a alguien, las interacciones posteriores con esa persona se vuelven mucho más fáciles. Además, las personas a las que impresionas querrán saber más sobre ti o lo que ofreces, y comenzarán a hacer suposiciones que suelen ser positivas. ¿Valdrá la pena tratar contigo? ¿Se puede confiar en ti? ¿Cómo puede alguien beneficiarse al conocerte mejor?

Por supuesto, tomará una interacción más larga que la impresión inicial para responder estas preguntas con precisión pero cuando causas una gran impresión, ya has sentado una buena base. Es natural para los seres humanos asumir y hacer suposiciones racionales basadas en las primeras impresiones.

Entonces, ¿cómo puedes causar una gran primera impresión? Puedes combinar el lenguaje corporal y las señales no verbales junto con la comunicación verbal para causar una impresión positiva que perdure.

Recuerda que cuando hablas con personas por primera vez, es muy parecido a anunciarte a ti mismo. Necesitas planear la ejecución antes del encuentro para tener control de tu apariencia, qué deberías decir y cómo puedes expresarte mejor usando gestos. Clavar esa primera impresión es crítico especialmente en un mundo con tanta competencia y captar la atención de otra persona puede ser todo un desafío.

Estar preparado.

Cuando sea la primera vez que vayas a conocer a alguien, ya sea por placer o por negocios, asegúrate de lucir lo mejor posible. No querrás parecer apurado o desprevenido como si hubieras olvidado algo.

Cuando te ves desprevenido, la persona a la que vas a conocer pensará que no estás interesado en la reunión o en ellas. La primera reunión será un mal comienzo si quieres establecer una relación o conexión más larga con esa persona.

Estar preparado para la reunión puede mejorar esa primera impresión al mostrarle a la otra persona que son importantes para ti.

De hecho, las primeras impresiones no se tratan de ti, sino más bien de cómo los demás te perciben durante tu primer encuentro. Entonces, básicamente se trata de la otra persona. Se trata de hacer que los demás sientan que puedes ser útil en sus vidas al mejorar ciertos aspectos y resolver algunos problemas para ellos. De lo contrario, realmente no hay razón para la interacción.

Estas pautas de lenguaje corporal pueden ayudarte a planificar tus primeros encuentros:

- Vístete adecuadamente. Vístete según la ocasión pero hazlo de manera que la otra persona se sienta cómoda a tu alrededor.

- Llega a tiempo. Esto mostrará a la otra persona que estás entusiasmado/a por la reunión y que valoras su tiempo.

- Ten confianza y sé ingenioso. Cuando pareces estar en control, la otra persona pensará que vales la pena tratar.

- Mantente abierto y relajado. Haz que ese primer encuentro sea relajante y libre de estrés.

Visualiza mentalmente

La visualización es una técnica utilizada por muchos vendedores exitosos. Se trata de visualizar la escena en tu cabeza y practicar cómo deberías actuar y reaccionar.

Antes de tu reunión, imagina la situación en tu mente. ¿Cómo entrarás en la habitación? ¿Cómo los saludarás? ¿Cómo explicarás el propósito de la reunión con ellos? Debes prestar atención al lenguaje corporal apropiado mientras visualizas. ¿Cuál será tu postura y dónde te pararás? ¿Cómo hablarás y qué tono usarás? ¿Qué gestos de manos y expresiones faciales deberías utilizar? ¿Dónde colocarías tus manos o brazos? ¿Dónde y cómo te sentarías? Si estás reuniéndote con varias personas, ¿en quién deberías enfocarte más? ¿Estás usando ropa y zapatos limpios?

¿Cómo te ves? ¿Tu lenguaje corporal coincide con el objetivo y el mensaje previstos?

Estas son solo algunas de las preguntas por las que puedes querer pasar mientras te visualizas en cómo quieres que sucedan las cosas durante esa reunión.

Usa contacto visual

Los ojos son ventanas del alma porque pueden decir mucho sobre ti. Cuando careces de contacto visual al interactuar con otras personas, puede interpretarse como sumisión, debilidad, ansiedad o desinterés. Ciertamente no son cosas que quieras que recuerden como su primera impresión de ti.

Cuando te estás acercando a la otra persona, establece de inmediato contacto visual y utiliza la expresión facial para mostrar tu interés en la reunión y en la persona. Cuando muestras interés, lo recibes a cambio, por lo que das una gran primera impresión.

Dar un buen apretón de manos.

El apretón de manos es el saludo más común durante las primeras interacciones. Este gesto es muy común en el mundo corporativo. Reflejar el apretón de manos de la otra persona es una forma segura de hacer este gesto. Si están apretando con fuerza, sigue su ejemplo y haz lo mismo. Si prefieren un apretón de manos más ligero, simplemente cópialo. La imitación también es una forma efectiva de establecer una buena relación con otras personas y hacerlas sentir cómodas cuando están cerca de ti.

Evite estos tipos de apretones de manos:

- Agresivo. Presionar demasiado durante un apretón de manos no es una buena manera de causar una primera impresión. Aunque es una implicación de que eres el que manda, este tipo de apretón de manos puede llevar a resentimiento. Otras culturas incluso encuentran ofensivo y degradante un apretón de manos firme y fuerte.

- A dos manos. A menudo se puede ver este tipo de apretón de manos en políticos. Utilizas las dos manos para rodear la mano de la otra persona mientras la sacudes. Cuando se hace con un desconocido, podría significar un interés repentino que podría alertar a la otra persona y ponerse en guardia. Otro tipo de apretón de manos doble es cuando golpeas el hombro o el brazo de la persona al estrecharle la mano. Algunas personas podrían interpretarlo como una invasión de su espacio personal.

Aquí tienes algunos consejos para recordar al dar la mano:

- Esté listo. Si tiene algo en su mano derecha, sujételo con la otra mano, para preparar su mano derecha para el apretón de manos. Recuerde no poner las manos en los bolsillos al ser presentado con otras personas. Algunos pueden interpretarlo como un gesto de que no está interesado en dar la mano.

- Camina con confianza y firmeza. Un apretón de manos a menudo comienza con un acercamiento. Mantente erguido/a mientras te acercas a la otra persona, relájate y tómate tu tiempo siendo cuidadoso/a de no parecer demasiado ansioso/a y apresurado/a, pero tampoco renuente y demasiado lento/a.

- Sonríe. Para mostrar interés, debes mostrar una sonrisa breve durante el apretón de manos. Pero no exageres, ya que la otra persona podría interpretarlo como una señal de manipulación y ansias.

- Mantén contacto visual. Recuerda mirar a la otra persona a los ojos al dar la mano. Para sincronizar el acto, una rápida mirada debería ser suficiente. No mires tus manos durante el apretón de manos. El contacto visual solo debería durar alrededor de tres segundos. Ten cuidado de no mirar fijamente por más de 5 segundos cuando la otra persona sea una mujer. Algo más prolongado podría implicar interés sexual que quizás no sea tu intención.

Levántate. Es decir, por supuesto, si estás sentado y la otra persona se acercó a ti para darte la mano. Si les das la mano mientras permaneces sentado, se puede interpretar como un signo de indiferencia y eso no sería un buen comienzo. Puede ser eximido de levantarse si estás comiendo, si eres mujer y si es aceptable estar sentado cuando das la mano a otras personas.

- Abre tu palma. Estrechar manos con la palma abierta sugiere honestidad y estar abierto a la otra persona. Si evitas tocar las palmas, puede significar que estás ocultando algo o ser tomado como un gesto de engaño. Por eso, los apretones de manos flojos siempre deben evitarse.

- No domines. El mejor comienzo para cualquier relación, ya sea para negocios, amistad o romance, es mostrar que nadie domina, y ambos son iguales. Asegúrate de que la mano esté recta y que el pulgar esté arriba. La palma no debe estar ligeramente hacia abajo o hacia arriba.

Di su nombre

Al conocer a alguien, menciona su nombre dos veces durante los primeros tres minutos de la conversación. Tu nombre es muy familiar para ti, quizás incluso el sonido más familiar en el mundo para ti. Aprendes tu nombre temprano en tu vida y puede haber sido una de las primeras palabras que aprendiste a decir.

Cuando dices el nombre de la otra persona, haces que se sientan interesantes e importantes. Repite su nombre para ayudarte a recordar y también para implicar interés y que te importan. Mostrar que te importa es una parte importante para establecer una buena relación.

Recuerda su nombre.

Si sigues mencionando su nombre durante la conversación, los impresionas porque estás haciendo un esfuerzo por aprender y recordar su nombre cuando la mayoría de las personas no se molestarán. Esto te hace destacar del resto. Aquí hay algunas técnicas que puedes usar para ayudarte a recordar el nombre de una persona:

Recuerda el nombre. Asegúrate de recordar el nombre de la persona la primera vez que lo escuches. Esto debe hacerse con todas las personas que conozcas. Si no haces el esfuerzo de recordar el nombre, es probable que no lo menciones durante la conversación.

- Aprende el nombre. Puedes preguntar cómo se pronuncia o se deletrea el nombre para asegurarte de que lo estás diciendo correctamente. Si tienes dudas sobre pronunciar el nombre correctamente, es probable que no lo menciones. También será incómodo pedirles su nombre de nuevo, así que asegúrate de hacerlo bien la primera vez. Dedica tiempo a aprender el nombre cuando te lo digan para que puedas pronunciarlo correctamente. Mostrar interés significa que te importa.

- Repite el nombre. Como se sugirió anteriormente, menciona el nombre de la otra persona dos veces durante los primeros tres minutos de la conversación. Pero no lo exageres, o podrías sonar como un vendedor desesperado.

- Bloquea el nombre en tu memoria. Una técnica muy buena para recordar nombres es asociarlos con cosas o sonidos familiares. Esto hace más fácil recordar el nombre de la otra persona.

- Escribe el nombre. Después de la conversación, también puedes anotar el nombre de la otra persona junto con una lista rápida de puntos importantes durante el encuentro y cómo te impresiona la persona. No te confíes demasiado en que lo recordarás en tu cabeza. Usa tu teléfono inteligente y toma notas junto con el número de teléfono de la persona si te lo dieron. O hazlo a la antigua y escríbelo en un papel.

No te inquietes

Los gestos inquietos como jugar con tu cabello pueden ser interpretados como signo de incomodidad y estrés, por lo que se deben evitar. Cuando te inquietas, la otra persona también puede distraerse con tus acciones.

Capítulo 14 - Mejorando el Impacto Personal a Través del Lenguaje Corporal

Tu impacto personal es cómo la gente te recuerda, te respeta y te escucha. Las personas con un fuerte impacto personal poseen presencia dondequiera que estén. A menudo se les percibe como exitosos porque siempre saben lo que quieren y siempre parecen seguros en cualquier situación.

Uno de los objetivos que deberías buscar es destacarte de la competencia, pero de una manera positiva, y mejorar el impacto personal puede ayudarte a lograrlo. Con un fuerte impacto personal, dejas una impresión positiva y las personas te toman en serio. También quieren tenerte cerca e interactúan contigo de manera positiva.

Una forma efectiva de exhibir una presencia positiva es utilizando el lenguaje corporal de manera efectiva. Piensa en cualquier persona que sientas que tiene un fuerte carisma como un empresario exitoso o un líder de una nación. La forma en que se sientan, caminan, hablan con otros o simplemente posan para una foto muestra lo poderoso, influyente e importante que son. Esto se debe a que su lenguaje corporal expresa su fuerte impacto personal.

Aquí hay algunas cosas que debes y no debes tener en cuenta cuando quieres tener un fuerte impacto personal.

Deberes:

Reflejando

Cuando muestras que te importa, creas empatía y el reflejo es una manera efectiva de mostrar esto. Comienza por igualar la forma en la que la otra persona habla sincronizando la velocidad de hablar y el tono de la voz.

Refleja el estado de ánimo, la expresión facial, los gestos, la postura general, la colocación de los brazos y la posición sentada. Cuando reflejas sus movimientos, les hace sentir cómodos cuando están contigo.

Puedes enfatizar estas señales no verbales de imitación mediante la imitación verbal usando empatía. Básicamente, solo reflejas y repites lo que dicen. La imitación puede indicar que eres agradable y confiable.

Descansando los brazos en el reposabrazos

Cuando te sientas en una silla con los brazos colocados en los reposabrazos, estás implicando control y poder. Es una postura muy efectiva para tomar durante las reuniones porque indica que estás relajado y a cargo.

También hace que otras personas se sientan más cómodas. En contraste, cuando colocas tus brazos dentro del reposabrazos y hacia tu torso inferior, conduce a una postura que puede indicar derrota, miedo y debilidad.

Controlar el sesgo emocional.

Cuando ves una foto de una persona sonriendo, ¿cómo reaccionas? También tiendes a sonreír, ¿verdad? Puede que no sonrías físicamente pero te sientes mejor por dentro. ¿Y qué pasa cuando la persona en la foto está enojada o triste? ¿También imitas las emociones, verdad?

Esto se llama sesgo emocional. Los estudios demuestran que los humanos están programados para sentir o imitar emociones al mirar expresiones faciales específicas.

Entonces, ¿cómo está relacionado con el impacto personal? Las personas con las que hablas captarán la emoción que muestras en tu rostro. Luego imitarán esa emoción y sonreirán contigo si estás sonriendo. Esto crea un bucle de retroalimentación positiva.

Cuando controlas la emoción de tu audiencia, tienes poder. Para hacer que una persona o grupo sienta una emoción particular, simplemente inicias esa sensación tú mismo. Tu audiencia entonces reflejará esa emoción y realmente la sentirá ellos mismos. Cuando sonríes, tu audiencia sonreirá de vuelta, lo que te hará sonreír aún más creando un bucle de emoción. Cuando muestras una cara preocupada, tu audiencia también se verá preocupada. Este ciclo de emoción negativa puede hacer que la atmósfera sea bastante incómoda para todas las partes. Puedes ver cómo esto podría haberse evitado simplemente mostrando una sonrisa. Incluso una cara con una expresión neutral puede ayudar a calmar a otra persona. De esta manera, puedes aumentar tus posibilidades de establecer una buena relación antes de avanzar hacia la resolución de problemas y el abordaje de temas.

Este método de usar sesgos emocionales no verbales también es aplicable cuando deseas influir en la reacción de un grupo sobre algo que están experimentando por primera vez. Cuando hay una falta de un sentimiento positivo o negativo fuerte, el lenguaje corporal y el estado de ánimo general tienden a imitar la primera reacción de cualquier persona en un grupo.

Supongamos que un vendedor está mostrando un nuevo sistema de impresoras a tu equipo. Inicialmente, habrá una muestra de emoción neutral por parte del grupo. Si un miembro se siente emocionado y entusiasta sobre el producto y es la primera persona en el equipo en mostrar esta emoción, todo el grupo tiende a seguir y emocionarse también. Pero si esa persona no está impresionada y parece aburrida, este estado de ánimo negativo también será seguido por el grupo. Por lo tanto, para influir en la reacción del grupo, debes ser la primera persona en expresar esa emoción que deseas proyectar al grupo. Tu reacción debe ser una combinación de señales verbales y no verbales para duplicar el impacto.

Adoptar una postura positiva

Como se mencionó anteriormente, la postura puede implicar una emoción particular. Así que si quieres proyectar confianza, simplemente puedes elevar tu esternón, que es el hueso ubicado en el medio del pecho. ¿Alguna vez has notado que cuando te sientes seguro y enérgico este hueso se desplaza ligeramente hacia arriba y hacia afuera? Este comportamiento también es mostrado por animales como los simios. Cuando haces esto intencionalmente, tiendes a sentirte y aparecer seguro.

En una investigación realizada en 2009 sobre el efecto de la postura en la confianza, a los sujetos de prueba se les indicó que enumeraran sus peores y mejores cualidades. Fueron divididos en dos grupos que realizaron dos posturas diferentes. La primera era una postura de confianza, con el pecho hacia afuera y la espalda recta. La otra era una postura de duda, en la que se encorvaban hacia adelante con la espalda curvada. Los sujetos de prueba que adoptaron la postura de confianza demostraron más seguridad tanto en sus actitudes positivas como en sus actitudes negativas. La postura de confianza podría no hacer que una persona se sienta más positiva sobre el futuro, pero puede hacer que se sientan más seguros en las cosas en las que piensan o hacen.

La postura confiada es comúnmente utilizada por políticos, oradores públicos y actores profesionales para hacer que parezcan seguros frente a su audiencia. Puede ser una señal no verbal sencilla, pero se pueden lograr grandes resultados con ella. Antes de entrar a una reunión o enfrentar a una audiencia, levanta ligeramente el esternón, mantén la barbilla alta, respira profundamente unas cuantas veces, mira hacia adelante, sonríe y sigue adelante.

Baje las manos

Levantar los brazos mientras hablas puede resultar distrayente para la otra persona. Esto puede interpretarse como una barrera que te hace lucir defensivo. Necesitas hacer gestos cuidadosos al expresar tus afirmaciones y enfatizar los puntos que estás tratando de comunicar.

Cuando estás hablando con otra persona mientras estás de pie, es posible que estés s0steniendo una bebida u otra cosa en tus manos. Mientras conversas, puedes utilizar este objeto inconscientemente como una barrera. Esta posición defensiva puede traer consecuencias negativas. Si estás sosteniendo un objeto en tu mano, simplemente bájalo mientras hablas. Si estás sosteniendo un bloc de notas, no lo coloques en tu frente o lo abraces porque también actúa como una barrera entre tú y la otra persona.

Esto también se aplica cuando estás sosteniendo un bolígrafo y mueves la mano mientras hablas, lo cual puede ser muy distraído. Para evitar escenarios como estos, no deberías estar sosteniendo nada siempre que sea posible.

Recuerda que las palmas abiertas implican apertura y pueden hacer que otras personas confíen más en ti.

Mirando de ojo a ojo

Al mantener contacto visual, solemos mirar solo un ojo de la otra persona. En cambio, deberías mirar de un ojo a otro mientras escuchas atentamente. Suaviza la expresión que intentas proyectar con tus ojos para demostrar que te importan sus preocupaciones y sentimientos. John F. Kennedy utilizó esta técnica de manera efectiva cuando hablaba con la gente.

Escuchando con el cuerpo

Todos queremos saber que estamos siendo escuchados cuando estamos hablando. A todos les encanta un buen oyente, así que si quieres mejorar tu impacto personal, deberías esforzarte por ser uno. Aquí tienes algunos consejos de lenguaje corporal sobre cómo escuchar mientras mejoras tu impacto personal.

Inclinándote hacia adelante. Cuando te inclinas hacia adelante, sugiere que estás completamente atento a la otra persona y que estás haciendo un esfuerzo por escuchar todo lo que se está diciendo.

Ignorar distracciones. Pueden haber muchas distracciones mientras estás hablando con otra persona. Alguien dejando caer algo, alguien que conoces pasando, o un sonido fuerte. Si quieres que la otra persona piense que estás centrado en la conversación, debes ignorar todas estas distracciones. Mantén la postura actual controlando tu lenguaje corporal en lugar de mostrar interés en la distracción. Ignorar estas distracciones es como enviar una señal de que estás muy interesado en ellas y que nada más puede apartar tu atención.

Inclinar la cabeza hacia un lado. La curiosidad puede ser insinuada al inclinar la cabeza hacia un lado. Cuando muestras curiosidad, significa que estás muy interesado en el tema o en la persona.

Asintiendo. Este es otro gesto efectivo de aprobación que puedes usar para ganarte la confianza de la otra persona. Cuando alguien está explicando algo, asentir mostrará que entiendes o estás siguiendo lo que se está diciendo. Cuando estás hablando con otra persona o un grupo y tu audiencia permanece quieta, empiezas a pensar que en realidad no te están escuchando o simplemente están en la luna, así que naturalmente te detienes y les preguntas si son capaces de seguir.

Mostrando interés a través de ruidos. Tu asentimiento debe ir acompañado de gestos verbales que impliquen interés como '¡wow!', 'ya veo', 'mmm', 'uhm', y otros para enfatizar que comprendes y que estás interesado.

Adoptar una postura paciente. Mostrar paciencia es importante cuando alguien más está hablando. Cuando miras tu reloj, cambias tu peso de una pierna a otra, te mueves constantemente o te apoyas contra una pared, puede estar sugiriendo que estás cansado, aburrido o simplemente quieres que termine la conversación. En cambio, debes mostrar paciencia y enfoque a través de tu postura y gestos. Evita signos clásicos de aburrimiento como tamborilear los dedos en la mesa o balancear los pies.

No traduciría este texto ya que no tiene sentido en español.

Cruzando los brazos

Cruzar los brazos sugiere defensividad. Tus brazos pueden ser vistos como una barrera levantada entre la otra persona y tú, indicando que estás levantando los brazos para protegerte de ellos.

Investigaciones muestran que somos más críticos cuando la persona con la que estamos hablando tiene los brazos cruzados. También hay menos recuerdo sobre el contenido de la conversación cuando una persona tiene los brazos cruzados durante la conversación. Entonces, si quieres ser recordado o persuadir a las personas, debes evitar cruzar los brazos.

Toca tu cara cuando te hagan preguntas.

Bajo estrés, hay un aumento en la presión sanguínea en el área facial que puede provocar picazón en algunas partes, especialmente dentro de la nariz. El estrés también puede causar sudoración en el cuello o frente, lo que también puede causar picazón.

Cuando esto te suceda, tendrás la tentación de rascarte. Esto puede implicar que estás mintiendo o que no estás contando toda la verdad. Varios libros y artículos sobre lenguaje corporal han sido escritos sobre tocar o rascarse como una manera segura de saber si alguien está mintiendo. Aunque este acto puede no significar realmente que estás mintiendo, es mejor evitarlo ya que puede ser fácilmente malinterpretado.

Esto puede requerir un poco de práctica porque es fácil estresarse cuando estás siendo escrutado. Puedes intentar reducir tus niveles de estrés o disminuir las señales no verbales que revelas cuando estás estresado. El primer método es más efectivo, pero lograrlo requiere más habilidad. El segundo es factible, pero puede ser difícil ocultar algunas señales no verbales.

Reducir tus niveles de estrés significa que necesitas

mantenerte tranquilo en situaciones estresantes. Regula tu ritmo cardíaco tomando respiraciones lentas y profundas. Cuando haces esto correctamente, el estrés se reducirá significativamente, tu nariz no estará irritada y no necesitarás rascártela.

Frotando la parte de atrás de la cabeza.

Cuando te frotas la parte posterior de la cabeza, puede sugerir aburrimiento o que simplemente no estás interesado. Este lenguaje corporal también puede sugerir que estás pensando en irte, así que debes evitarlo.

Manteniendo las manos en el bolsillo.

Cuando pones tus manos dentro de tu bolsillo, puede mostrar que te falta confianza, o que te sientes inseguro. Esconder las manos también puede interpretarse como engaño porque parece que estás ocultando algo. Esta regla también se aplica durante presentaciones públicas. Poner las manos dentro del bolsillo puede interpretarse inconscientemente como que no estás seguro de tus afirmaciones.

Capítulo 15 - Cómo el lenguaje corporal afecta al liderazgo

Ser un líder efectivo requiere la habilidad de impactar positivamente e inspirar a las personas. Cuando te preparas para una reunión con tus clientes, equipo directivo o personal, te enfocas en lo que dirías, tomas nota de puntos cruciales y practicas la presentación para que tu audiencia te vea como alguien convincente y creíble. Estas son cosas que quizás ya sepas.

Pero no todo el mundo sabe que cuando hablamos con otras personas a las que esperamos influenciar, también estamos siendo evaluados en cuanto a confiabilidad, empatía, confianza y credibilidad por nuestra audiencia. Y esta evaluación no está completamente determinada por lo que decimos. Gestos como el contacto visual, las expresiones faciales, la postura y el uso del espacio personal pueden apoyar, mejorar, sabotear o debilitar el impacto que estás tratando de infundir como líder.

Aquí están las cosas esenciales que un líder necesita entender sobre el lenguaje corporal y cómo puede impactar el liderazgo en general.

Necesitas menos de siete segundos para causar una impresión.

Como se discutió anteriormente, las primeras impresiones

son críticas y esto es particularmente crucial en las interacciones comerciales. Una vez que otra persona te ha etiquetado mentalmente como sumiso o controlador, sospechoso o confiable, siempre serás visto a través de ese filtro sin importar lo que hagas. Eso significa que si a esa persona le caes bien, se centrará en tus mejores características. Pero si eres etiquetado como sospechoso, todo lo que hagas será examinado con lupa.

Nuestro cerebro está programado para tomar decisiones rápidas, y esto incluye tomar nota de las primeras impresiones. Es un mecanismo de supervivencia y no podemos hacer nada al respecto. Sin embargo, lo que puedes hacer es asegurarte de que esas decisiones estén a tu favor.

Se tarda menos de siete segundos en causar una primera impresión y esto está fuertemente influenciado por las señales no verbales. De hecho, los estudios muestran que el lenguaje corporal afecta más a tu impresión que el lenguaje verbal, en cuatro veces. Así que para aprovechar esos valiosos siete segundos, aquí tienes las cosas que puedes hacer:

Ajustar tu actitud. Las personas perciben la actitud automáticamente. Antes de subir al escenario para una presentación, entrar a la sala de reuniones para una reunión de negocios, o saludar a un cliente, evalúa toda la situación y ajusta conscientemente tu actitud a lo que deseas que los demás vean.

- Mantener contacto visual. Cuando miras a los ojos de otra persona, transmites energía e indicas apertura e interés. Para mejorar este gesto, haz una nota mental del color de ojos de cada persona que conozcas.

- Sonriendo. Sonreír está muy subestimado y poco utilizado por los líderes considerando que es un lenguaje corporal muy positivo. Una sonrisa es como un signo de inclusión y bienvenida, como una invitación. Cuando sonríes, estás diciendo 'Soy amigable' sin decir una palabra.

- Tener en cuenta tu postura. Un estudio realizado por la Escuela de Gestión Kellogg de la Universidad Northwestern mostró que cuando te posicionas de tal manera que abres tu cuerpo y tomas espacio, activas un sentido de autoridad que produce un cambio en el comportamiento de las personas a tu alrededor. Esto se llama 'expansión de postura' y se aplica a todas las personas independientemente del rol o rango en la organización. En muchos estudios, se ha encontrado que la postura importa más que la jerarquía en la forma en que una persona piensa, actúa o es percibida.

Inclinándose ligeramente. Cuando te inclinas ligeramente hacia adelante, muestra que estás interesado y comprometido. Pero debes respetar el espacio personal de la otra persona. En la mayoría de las situaciones, deberías estar a unos dos pies de distancia.

- Estrechar manos. No hay una forma más rápida o efectiva de establecer empatía que estrechar manos. Estudios demuestran que un solo apretón de manos es equivalente a 3 horas (en promedio) de interacción continua al desarrollar el mismo nivel de empatía. Cuando estreches manos, asegúrate de que tu palma toque completamente la de la otra persona. El agarre también debe ser firme pero no demasiado apretado.

Necesitas alineación verbal-no verbal para construir confianza

Tu lenguaje corporal debe estar alineado con lo que estás diciendo para establecer confianza. Si las señales no verbales que muestras no son congruentes con tu mensaje hablado, las personas percibirán conflicto interno, incertidumbre o duplicidad de forma subconsciente.

Neurocientíficos de la Universidad de Colgate estudiaron los efectos de gestos utilizando un electroencefalógrafo o máquina EEG para medir las ondas cerebrales que forman valles y picos relacionados con potenciales relacionados con eventos. Cuando a los sujetos se les muestran gestos específicos que contradicen las palabras habladas, aparecen valles. Curiosamente, esta misma caída en la onda cerebral también aparece cuando los sujetos escuchan palabras que no tienen sentido.

Este estudio muestra que cuando una persona dice una cosa, pero el gesto indica otra, no tiene sentido para el cerebro del destinatario de las señales. Cuando tus palabras no concuerdan correctamente con tu lenguaje corporal (declarando apertura mientras cruzas los brazos sobre el pecho, hablando sobre la estabilidad de la empresa mientras juguetas con las manos, transmitiendo sinceridad sin contacto visual), el contenido del mensaje se pierde.

Habla con tus manos

Siempre que observes a un orador que está apasionado por el tema que se discute, notarás que sus gestos son más grandes o más animados. Mueven sus brazos y manos para transmitir entusiasmo y enfatizar puntos.

Tal vez aún no seas consciente de esta conexión, pero la has sentido instintivamente. Estudios demuestran que una audiencia ve a las personas que usan una amplia variedad de gestos de manera más favorable que a aquellos que no lo hacen. Además, las personas que se comunican usando gestos activos a menudo son evaluadas como enérgicas, amigables y cálidas, mientras que aquellos que no se mueven mucho son vistos como analíticos, fríos, lógicos o mecánicos.

Esto convierte a los gestos en una herramienta importante en el arsenal de un líder y el uso adecuado de ellos durante una presentación ayuda a crear conexiones mejores y más fuertes con la audiencia. Incluso los ejecutivos de alto nivel pueden cometer errores de principiante cuando no usan los gestos correctamente. Cuando hablan con las manos colgando flácidas a los lados, la gente puede pensar que no hay inversión emocional involucrada o que no creen en el punto que están tratando de hacer.

Para utilizar gestos de manera efectiva, necesitas saber cómo los movimientos son percibidos por tu audiencia. Aquí tienes unos cuantos gestos comunes con sus significados.

- Ocultar tus manos. Ocultar tus manos puede hacer que parezcas alguien en quien no se debe confiar. Esta es una señal no verbal que está profundamente arraigada en el subconsciente humano. Nuestros ancestros tenían que tomar decisiones de vida o muerte basadas en la información visual que recibían unos de otros. Cuando alguien se acerca sin mostrar las manos, puede interpretarse como un peligro potencial, como un arma oculta. Aunque esta amenaza es solo simbólica hoy en día, todavía experimentamos malestar psicológico cuando la otra persona te oculta las manos.

- Señalar con el dedo. Este es un gesto que a menudo se ve utilizado por ejecutivos durante entrevistas, negociaciones o reuniones para mostrar dominio o enfatizar. Pero este gesto es fácil de exagerar, lo que podría sugerir que el líder ha perdido el control haciendo que la situación se parezca a un padre regañando a un niño.

- Gestos entusiastas. Debe haber un equilibrio entre la energía y el movimiento de brazos y manos. Si el objetivo es expresar más impulso y entusiasmo, necesitas aumentar la intensidad de tus gestos. Pero el gesticular con entusiasmo es bastante fácil de exagerar y cuando sucede, puede interpretarse como menos poderoso, menos creíble y errático. Un ejemplo de sobre-gesticulación es levantar las manos por encima de los hombros.

- Gestos firmes. Si quieres que la audiencia piense que estás compuesto y centrado, debes mantener tus brazos a la altura de la cintura y doblados a un ángulo de aproximadamente 45 grados. Combina este gesto con una postura a la anchura de los hombros y parecerás concentrado, energizado y firme.

El cara a cara es el método de comunicación más poderoso.

Video chats, teleconferencias, mensajes de texto, correos electrónicos. Incluso en esta era tecnológica y de ritmo acelerado, la comunicación cara a cara sigue siendo el método más poderoso, productivo y preferido. No hay mejor medio para influir en las personas que hablar con ellos en persona. De hecho, la necesidad de interacción cara a cara se vuelve más apremiante para los líderes empresariales cuanto más se comunican electrónicamente.

Entonces, ¿por qué son necesarios los encuentros físicos cuando puedes chatear con cualquier persona en el mundo en cualquier momento que quieras? Cuando conocemos a alguien en persona, el cerebro procesa el flujo de señales no verbales que luego utilizamos como base para construir una intimidad y confianza profesional. Hay mucha información que solo puedes obtener a través de la interacción cara a cara. El lenguaje hablado es solo una parte de los detalles que interpretamos cuando hablamos con alguien en persona. Obtenemos la mayor parte de la información de expresiones faciales, ritmo, tono vocal, otros indicios no verbales y las pistas emocionales que se esconden en las palabras. Y para ayudarnos a determinar si la audiencia acepta nuestras ideas, observamos su respuesta instantánea como retroalimentación inmediata.

Esta conexión no verbal entre personas es tan potente que coincidimos en ritmos de respiración, movimientos, gestos y posiciones corporales de manera subconsciente cuando estamos estableciendo realmente rapport con otra persona. Una investigación mostró que el cerebro humano imita no solo el comportamiento de la otra persona sino también los sentimientos y sensaciones durante encuentros cara a cara. La comunicación real puede verse afectada, y nuestros cerebros pueden tener dificultades cuando se ven obligados a depender solo de palabras habladas o impresas y se les priva de señales no verbales.

No hay duda de que la tecnología es un excelente puente para transportar información, pero si buscas relaciones positivas con clientes y empleados, la clave es reunirse con ellos en persona, cara a cara. Esto se aplica a todas las industrias y en todo el mundo porque todos lidiamos con personas en nuestros negocios. Puede que seas experto en tecnología, pero no hay sustituto para los encuentros personales cuando se trata de impulsar una colaboración productiva, participar en conversaciones fructíferas y captar la atención de los participantes. Por eso, en algunas empresas se enseña a los empleados a enviar comunicaciones por correo electrónico si no es importante, llamar por teléfono cuando lo es pero no crítico, y hablar en persona cuando es crítico para el negocio.

La mitad de la conversación está en el lenguaje corporal.

Cada vez más ejecutivos de negocios están dándose cuenta de la importancia del lenguaje corporal para captar y enviar las señales correctas. Cuando eres capaz de interpretar las señales no verbales de manera correcta y precisa, estás "oyendo" cosas que no se están diciendo.

La comunicación tiene dos canales principales: verbal y no verbal. Eso significa que cuando estás hablando con alguien en persona, hay dos conversaciones ocurriendo. La comunicación verbal es obviamente importante, pero ten en cuenta que no todo el contenido de la conversación se transmite a través de palabras habladas. Si no puedes leer el lenguaje corporal, podrías estar perdiendo elementos importantes de la conversación que pueden impactar tu negocio de manera positiva o negativa.

Cuando se lanza una iniciativa empresarial y se percibe que los empleados no están completamente comprometidos, es necesario determinar qué está sucediendo y reaccionar rápidamente como líder. Debe buscar señales de compromiso y desinterés en las personas mediante la observación de su lenguaje corporal. La aceptación, la receptividad y el interés se indican mediante comportamientos de compromiso, mientras que la defensividad, la ira y el aburrimiento son signos de que las personas no están comprometidas con la idea.

Señales comunes de compromiso incluyen asentir con la cabeza o inclinarla (un signo de prestar atención a alguien) así como posturas corporales abiertas. Las personas comprometidas deberían estar mirándote directamente como si te estuvieran señalando con el cuerpo, lo cual es un claro signo de acuerdo. Pero cuando las personas no están interesadas en la conversación y se sienten incómodas, pueden girar ligeramente su cuerpo alejándose de ti, lo cual es una señal de dar la espalda. Y si los ves sentarse con piernas y brazos cruzados, es muy poco probable que obtengas cooperación.

Otra manera de comprobar si hay engagement o desapego es monitoreando la cantidad o nivel de contacto visual que recibes mientras hablas con ellos. Cuando nos gustan ciertos objetos o personas, tendemos a mirarlos más tiempo y con más frecuencia. La duración promedio de un contacto visual normal dura solo alrededor de tres segundos, pero cuando estamos de acuerdo con la otra persona, miramos a sus ojos significativamente más tiempo. Lo contrario sucede cuando el desapego es evidente. Tendemos a apartar la mirada de personas o cosas que nos aburren o nos molestan. Y esto es lo que tu audiencia podría estar sintiendo cuando no recibes suficiente contacto visual de ellos.

Como líder, debes tener conocimiento del lenguaje corporal tanto para interpretar como para insinuar las señales correctas. ¿Alguna vez has notado cómo los grandes líderes se paran, se sientan, gesticulan y caminan de maneras que muestran estatus, competencia y confianza? Cuando manejan cambios y entornos colaborativos, estos líderes también envían señales no verbales que indican empatía y calidez.

El conocimiento del lenguaje corporal puede impactar significativamente en los resultados de liderazgo porque puede ayudar a los líderes a presentar ideas, conectar con audiencias y motivar a los miembros del equipo con una mayor credibilidad y un estilo de carisma personal. Un buen líder debe esforzarse por desarrollar estas habilidades poderosas y el lenguaje corporal es la clave.

Capítulo 16 - Mejorando la técnica de ventas a través del lenguaje corporal

Mientras estás haciendo tu presentación de ventas, muchos pensamientos pasan por tu mente. ¿Qué haces para captar su atención completa? Ese chico está bostezando. ¿Está aburrido? ¿Cómo puedes asegurarte de cerrar esta venta?

Un gran vendedor es consciente de lo que realmente sienten sus clientes, lo cual les indica cómo deberían reaccionar. En resumen, deberías convertirte en un experto en la lectura del lenguaje corporal.

Entonces, ¿por qué es importante el lenguaje corporal en las ventas? Cuando interactúas con un cliente potencial, comunicas en dos niveles - verbal y no verbal. Es obvio el intercambio verbal, pero como se mencionó previamente, las palabras pueden usarse para ocultar los verdaderos sentimientos o intenciones. Por lo tanto, en medio de complicaciones de personalidad sutiles y negociaciones complicadas, puedes depender de tu habilidad para leer el lenguaje corporal.

Durante tu presentación de ventas, debes estar monitoreando activamente las señales no verbales informativas de tu audiencia, especialmente su compromiso y comportamientos de desvinculación. El compromiso indica acuerdo, receptividad e interés en lo que estás presentando. La desvinculación indica desacuerdo, defensividad, resistencia o peor aún, hostilidad. Estos son comportamientos que no se pueden obtener de la comunicación verbal, pero son revelados por el movimiento de piernas y pies, posiciones de torso, gestos de mano y brazo, movimientos de cabeza, expresiones faciales y actividades oculares.

Puede que pienses que es imposible hacer un seguimiento de estas señales no verbales al decodificar una negociación verbal compleja, especialmente con una persona con la que nunca has hablado antes. De hecho, has estado interpretando y leyendo señales de lenguaje corporal y reaccionando a ellas toda tu vida. La única diferencia en este escenario es que deberías estar tomando nota mental de estas señales, interpretándolas para evaluar cómo está progresando la negociación, y haciendo los ajustes necesarios para aumentar la posibilidad de un resultado positivo.

Aquí están algunas de esas señales de lenguaje corporal que debes estar observando.

Los Ojos

Cuando presentas a tu cliente un par de opciones diferentes, puedes notar que la mirada se detiene en una de las opciones más que en la otra. Eso es una indicación de interés en la primera opción que puedes aprovechar aún más al elaborar sobre los beneficios si el cliente la elige. Esto se enfatiza aún más si los ojos están abiertos de par en par y las pupilas dilatadas. Sabrás que has captado la atención del cliente.

Cuando las personas se sienten atraídas por objetos u otras personas, tienden a mirar más tiempo y más frecuentemente. Aunque una persona finja estar desinteresada, sus ojos naturalmente seguirán volviendo a mirar ese objeto o persona que le resulta atractivo.

También se aplica al contacto visual. Los estudios muestran que si deseas crear empatía, debes mantener contacto visual con la otra persona el 60 al 70 por ciento del tiempo que pasas hablando. En un escenario de negociación, las personas que están de acuerdo contigo o te agradan tienden a mirarte a los ojos por más tiempo.

Por el contrario, si estás sintiendo bajos niveles de contacto visual, puede ser una señal de desvinculación. Cuando a las personas se les presentan objetos u otras personas que no les gustan, tienden a apartar la mirada. Cuando tu cliente potencial evita el contacto visual mirando alrededor de la habitación, desenfocándose o mirando más allá de ti, puede que se sienta inquieto y aburrido. Sus ojos también se estrecharán ligeramente, lo cual es una señal de desvinculación en lugar de abrirse mucho. Puede que hayas observado que las personas que están leyendo propuestas o contratos tienden a estrechar los ojos. Esta es una señal no verbal que significa que está viendo partes del contrato que encuentra problemáticas o preocupantes.

Se ha demostrado en muchos estudios que nuestras respuestas emocionales afectan el tamaño de nuestras pupilas. Y prácticamente no tenemos control sobre nuestras pupilas. Simplemente reaccionan a estímulos emocionales, ya sean externos o internos. Este hecho hace que la dilatación de las pupilas sea un excelente indicador de que una persona está interesada. Hay muchas razones por las que nuestras pupilas se dilatan, y estas incluyen la dificultad cognitiva y la carga de memoria, pero también se dilatan como una forma de expresar sentimientos positivos hacia otra persona u objeto. Cuando una persona no es particularmente receptiva, sus pupilas se contraen automáticamente.

Gestos faciales

Un gesto de cabeza y una sonrisa provenientes de tu audiencia cuando hablas es una clara indicación de acuerdo con lo que estás hablando. La discrepancia, por otro lado, se expresa con un incómodo contacto visual lateral, la cabeza ligeramente girada hacia otro lado, los músculos de la mandíbula apretados, la boca tensa, las cejas fruncidas o los labios fruncidos. Estate atento a estos gestos faciales para poder ajustarte y recuperar su atención e interés.

Gestos de mano y brazo

Toma nota de los brazos del cliente mientras te habla durante una presentación de ventas. Cuanto más abiertos estén, más receptivo estará el cliente a la discusión. Estos deben ser gestos acogedores y expansivos que fluyan de forma natural y no parezcan forzados. En cambio, aquellos que están enojados o tomando una posición defensiva pueden usar sus brazos para 'protegerse' cruzándolos sobre el pecho, agarrándose fuertemente de las muñecas o los brazos, o apretando los puños.

Durante el proceso de negociación, puedes depender de los movimientos de brazos y manos para indicar cambios sutiles en las emociones de tu cliente. Al comienzo de la conversación, las manos del cliente pueden descansar sobre la mesa con las palmas abiertas. Si las retiran y las colocan debajo de la mesa, puede ser una señal de que ha ocurrido algo no deseado o perturbador que causó el cambio abrupto en la emoción. Una persona que planea hacer una revelación sincera generalmente muestra sus manos poniéndolas sobre la mesa o haciendo gestos abiertos con las manos y los brazos mientras habla.

Torso y Hombros

El torso y los hombros también juegan un papel crítico en el lenguaje corporal. Cuando tus clientes o clientes están de acuerdo contigo, tienden a inclinarse hacia ti o pararse cerca de ti. Esto es un signo de sumisión. Pero cuando no están de acuerdo con lo que estás diciendo, intentarán mantenerse a cierta distancia de ti o inclinarse hacia atrás para crear espacio adicional. Estos son gestos que son difíciles de fingir.

Además, cuando el cliente gira su torso y hombros lejos de ti, hay una buena probabilidad de que hayas perdido su interés. Apartarse de otra persona es un gesto común de desvinculación o desapego. Es como si la otra persona estuviera tratando de levantar una pared invisible entre los dos. Cuando tu cliente está comprometido en la discusión, te mirará directamente apuntándote con su torso. Pero cuando se siente incómodo, se alejará y te mostrará una "actitud fría". Si tu cliente está a la defensiva, puede demostrarlo intentando proteger su torso con un portátil, maletín, bolso, etc.

Cuando las personas están de acuerdo, tienden a imitar las emociones o el comportamiento del otro. Una persona lidera mientras que la otra seguirá. Observa la orientación corporal de tu cliente. ¿Es la misma que la tuya? Intenta moverte ligeramente. ¿Él también imitó el movimiento? Si lo hizo, entonces definitivamente has establecido una conexión positiva.

Piernas y pies.

Nuestras piernas y pies son nuestro principal medio de movimiento. También son grandes indicadores de estrategias de huida, lucha o congelación para la supervivencia. Estos instintos de movimiento están vinculados a nuestro ADN, por lo que responden antes de que siquiera pienses en una acción. El sistema cerebral límbico es responsable de este proceso y es el que se asegura de que nuestras piernas y pies estén preparados para huir, patear o simplemente congelarse en su lugar, incluso antes de que haya un pensamiento consciente sobre qué hacer en un escenario dado.

Si ves que tu cliente está sentado con las piernas estiradas hacia adelante y los tobillos cruzados, puede ser un signo de un sentimiento positivo hacia ti. Pero cuando aleja los pies, los envuelve alrededor de las patas de una silla, los señala hacia la salida o los cruza en un bloqueo de tobillos, esto es una clara señal de desvinculación y retiro.

Otras señales de piernas y pies incluyen:

Cuando tu cliente está golpeteando los talones en el suelo, es un indicador de 'pies felices', lo que significa que se siente bien con respecto a su posición de negociación. Si estás compitiendo con otro vendedor y lo ves balanceándose hacia atrás en sus talones mientras levanta los dedos de los pies, es posible que esté pensando que tiene la ventaja.

Cuando los pies inquietos del cliente de repente se detienen y se quedan quietos, puede indicar una anticipación intensificada que es similar a contener la respiración.

Las piernas cruzadas también son buenos indicadores del compromiso o desapego de tu cliente. Cuando la pierna encima de las piernas cruzadas está apuntando hacia ti, es una señal de interés. Cuando el pie de arriba está apuntando hacia afuera, tal vez hacia la puerta, es una señal de retirada.

Cuando estás observando estas señales no verbales durante las negociaciones de ventas, sé vigilante pero no demasiado obvio. Simplemente confía en tus reacciones instintivas pero mantén una nota mental de todas las señales de lenguaje corporal. Recuerda que ya has estado interpretando estas señales de manera subconsciente. La habilidad de leer el lenguaje corporal ha ayudado a nuestros ancestros a sobrevivir y nos ha sido transmitida. Simplemente necesitas convertir este instinto en una herramienta efectiva para el éxito.

Capítulo 17 - Consejos de Lenguaje Corporal Durante una Entrevista de Trabajo

Es posible que te estés preguntando por qué no conseguiste el trabajo. Sabes que lo hiciste genial en la entrevista de trabajo. Tenías las habilidades necesarias para el puesto, así como la experiencia. Pero aún así, no conseguiste el trabajo.

Durante esa entrevista de trabajo, es posible que hayas dicho todas las palabras correctas. Respondiste todo lo que se te preguntó lo mejor que pudiste y pudiste ver que el entrevistador estaba satisfecho con tus respuestas. Pero, ¿coincidía tu lenguaje corporal con las palabras?

En una entrevista realizada a gerentes de contratación discutiendo las razones por las que los solicitantes fallan durante la entrevista de trabajo, una de las razones fue que el entrevistado descuidó el lenguaje corporal. Como solicitante, los gerentes de contratación observan la forma en que te presentas, la manera en que hablas y, igual de importante, tu lenguaje corporal.

Puede que estés diciendo que estás abierto a nuevas ideas, pero estás sentado con las piernas y los brazos cruzados, lo que hace que el entrevistado se pregunte qué está pasando realmente en tu mente. Para convencerlos de que tienes habilidades de liderazgo, por ejemplo, debes comportarte como un líder vistiendo apropiadamente, hablando con conocimiento, y posando y gesticulando con confianza. Sin todos estos factores, será difícil confiar en tu afirmación. Los pequeños detalles importan.

Si tus palabras no están alineadas con tus señales no verbales (o viceversa) durante la entrevista, hay una alta probabilidad de que no llegues a la segunda entrevista o recibas la oferta de trabajo. Según las estadísticas, aquí están las siguientes razones por las cuales los gerentes de contratación no contrataron a los solicitantes aspirantes y el porcentaje de importancia de estos factores:

- No hay suficiente contacto visual - 67 por ciento

- Falta de confianza y sonrisa - 38 por ciento

- Mala postura - 33 por ciento

- Saludo débil - 26 por ciento

- Brazos cruzados - 21 por ciento

¿Te imaginas cómo habría cambiado el escenario de la entrevista si hubieras conocido estas señales corporales negativas y las hubieras evitado? Aquí tienes consejos útiles que te ayudarán en tu próxima entrevista de trabajo con éxito.

Antes de entrar al edificio

Es posible que no lo sepas, pero la entrevista realmente comienza incluso antes de que salgas de tu coche o del taxi. Nunca sabrás quién está observándote, así que debes empezar a ser consciente de tu lenguaje corporal tan pronto como salgas del vehículo. Si pareces nervioso o frenético, la persona adecuada (el gerente de contratación) que pase por el estacionamiento podría tener una mala primera impresión de ti. Por lo tanto, antes de salir del coche, toma un par de respiraciones profundas para ayudarte a relajarte, especialmente si te sientes estresado o con prisa. Cuando ya estés calmado, coge esa cartera y sal con tranquilidad y confianza. Piensa como si ya trabajaras allí.

Mantén esta imagen segura mientras entras al edificio. Incluso si estás preocupado por llegar un poco tarde o nervioso por la entrevista, mantén la compostura y no llames la atención sobre ti mismo. De esta manera, demuestras que estás tranquilo y preparado, tal como debería ser un profesional.

Mientras Esperando Pacientemente

Sé cortés y respetuoso con el asistente administrativo, recepcionista o el portero. Al entrar por las puertas de la oficina y acercarte al recepcionista, continúa con la misma compostura que al bajarte de tu auto. Siempre se educado, y cuando te digan que tomes asiento mientras esperas, si es posible siéntate mirando hacia el recepcionista. Esto se llama la vista de perfil. Las personas se sienten más cómodas a tu alrededor con una vista de perfil, por lo que es más probable que mencionen cosas positivas sobre ti cuando les pregunte el gerente de contratación. Y los gerentes de contratación sí preguntan a sus asistentes administrativos por opiniones.

Mantén tu espacio despejado y organizado mientras esperas. Mantén tu regazo libre de desorden colocando tu bolso o maletín a un lado. Cuando hay desorden en tu regazo, pareces desorganizado y torpe. Incluso puede resultar incómodo cuando necesitas levantarte al ser llamado para la entrevista.

No te relajes demasiado ni te vuelvas muy confiado. Puedes parecer calmado y seguro, pero recuerda no exagerar. No te encorves ni te inclines demasiado hacia atrás, ni lleves la cabeza y la barbilla demasiado altas. Podría implicar que estás compensando en exceso o que eres demasiado arrogante y que obtendrás el trabajo fácilmente.

Enfrenta al entrevistador/a cuando se acerque. Incluso puedes hacer esto antes de que el entrevistador/a salga, solo averigua de dónde vendrá y dirígete en esa dirección. Esto permite una presentación elegante cuando te levantas y estrechas la mano del entrevistador/a.

A medida que el entrevistador entra.

Estrechar las manos correctamente. El objetivo es que el apretón de manos sea firme pero no demasiado fuerte como para que parezca que quieres romper la mano del entrevistador. Pero tampoco permitas que sea demasiado débil, ya que también causa una mala impresión, al igual que uno demasiado fuerte. Para hacerlo bien, puedes practicar con un amigo. Asegúrate de usar tu mano derecha para practicar.

Asegúrate de que tu mano esté en la parte inferior durante el apretón de manos. Esto indica respeto a la autoridad del entrevistador en comparación con la tuya. Además, no debes poner tu otra mano arriba mientras das la mano. Esto muestra que te consideras más superior.

Lleva al entrevistador a liderar la conversación mientras tu sigues. Recuerda tu lugar. Él o ella es la entrevista y tú solo eres el entrevistado. Necesitas entender el estatus y el protocolo y adherirte a ellos.

Mientras está siendo entrevistado

Sé abierto y no cerrado. Cuando estés sentado, trata de no inclinarte demasiado hacia adelante ya que puede hacerte parecer cerrado. Lo mismo se aplica a cruzar los brazos sobre el pecho. Para mostrar que estás receptivo, siéntate erguido mientras se muestra tu estómago, pecho y cuello. Esta postura implica que estás abierto.

Asegúrate de tener las manos por encima de la cintura pero por debajo de la clavícula. Esto se conoce como el 'plano de la verdad' y te hace lucir más centrado y tranquilo. Tener las manos en cualquier otra parte te hace parecer nervioso o frenético para el entrevistador. Cuando gesticulas dentro del plano de la verdad, eres percibido como alguien que quiere ayudar. Y la ayuda es lo que la empresa necesita. De lo contrario, no tendrían una vacante de trabajo.

No pongas una barrera durante la entrevista. A menos que sea relevante para tu entrevista, no debe haber hojas de papel, carpeta, o cualquier otra cosa en tu regazo o en la mesa y entre tú y el entrevistador. De lo contrario, parecerá que estás poniendo una barrera y serás visto como alguien cerrado.

Recuerda el poder del contacto visual. Evitar el contacto visual parece ser la señal no verbal universal de engaño o mentira, así que deberías hacerlo más a menudo y por más tiempo durante la entrevista. Ya sea que estés hablando o escuchando, mantén un contacto visual adecuado.

Al Salir

Cuando la entrevista haya terminado, salga con gracia recogiendo sus pertenencias de manera tranquila y manteniéndose de pie con seguridad. Mantenga contacto visual y estreche la mano del entrevistador con la misma firmeza que antes de la entrevista. Si no es demasiado incómodo o embarazoso, estreche la mano de todos los entrevistadores si hay más de uno. Agradezca a todos ellos mientras sonríe y luego salga de la habitación con gracia y confianza.

El proceso de entrevista continúa hasta que salgas del estacionamiento. Si no es incómodo, despídete educadamente del asistente administrativo o del personal de seguridad al salir de la oficina y el edificio. Siempre piensa que alguien podría estar observando tus movimientos y estás tratando de impresionarlo o impresionarla. Espera hasta estar dentro de tu coche antes de hacer esa emocionante llamada con noticias de cómo fue la entrevista.

Comprende mejor a ti mismo a través del lenguaje corporal porque esto te será útil cuando te llamen para una segunda entrevista. Sé consciente de cómo te estás expresando a través de señales no verbales y estarás más preparado la próxima vez que te llamen para una entrevista.

Capítulo 18 - Mostrando intención a través del lenguaje corporal

La forma en que posicionas tu cuerpo dice mucho sobre lo que te gusta o no te gusta. Estas señales no verbales pueden mostrar tus verdaderos intereses e intenciones más allá del lenguaje hablado. Si eres consciente de estas señales corporales, puedes hacer cambios en tu postura para implicar interés en algo o alguien. También puedes usarlo para ocultar lo que realmente está pasando dentro de tu mente. Para mostrar intención, se utilizan diferentes partes del cuerpo.

¿Cómo orientas tu cuerpo?

Generalmente, puedes decir qué o quién le interesa a una persona por la dirección en la que su cuerpo está orientado. La mente lidera mientras que el cuerpo sigue. Cuando estás hablando con alguien y el torso de esa persona está orientado lejos de ti, esto usualmente significa que no está receptivo a tu presencia y planea terminar la conversación marchándose. Pero cuando el torso está orientado hacia ti y la persona te está mirando directamente, eso implica interés, atracción y el deseo de seguir hablando contigo.

Donde apunta tu pie.

Similar a cómo está orientado el torso, cuando apuntas tu pie hacia alguien o algo, estás mostrando interés o atracción. En un grupo de personas de pie mientras conversan, puedes detectar rápidamente quién de ellos está interesado en alguien más al interpretar su lenguaje corporal. Si una persona tiene su pie apuntando hacia ti, podría estar interesada en entablar una conversación contigo. Si alguien tiene su pie apuntando lejos del grupo o hacia la salida, es una indicación de que quieren irse del grupo o unirse a otro grupo que les resulta más interesante.

Considera el siguiente escenario:

Hay tres personas teniendo una conversación. Dos hombres y una mujer. La mujer está en el medio. Uno de los hombres está a la derecha y el otro a la izquierda.

El cuerpo y los pies de la mujer están apuntando hacia el hombre de la derecha mientras que su cabeza está mirando al hombre de la izquierda. También está sosteniendo un bolso colocado a la izquierda. Esto indica que está más interesada en el hombre de la derecha aunque podría estar conversando con el hombre de la izquierda mientras que el bolso también actúa como una barrera entre ellos.

El hombre de la izquierda tiene su cuerpo y un pie apuntando hacia el hombre de la derecha, lo que muestra que está enfocado en la conversación con el otro hombre. También tiene las manos dentro de su bolsillo, lo que puede ser un signo de engaño o mentira. Su otro pie apunta lejos del grupo, lo que puede indicar una intención de terminar la conversación y abandonar el grupo.

El hombre a la derecha tiene su cuerpo y un pie apuntando hacia el hombre a la izquierda. Al igual que el otro hombre, también está centrado en la conversación. Sus manos y palmas están expuestas, lo que indica apertura y honestidad. Sin embargo, su otro pie también está apuntando lejos del grupo, lo que significa que tampoco quiere quedarse en la conversación.

Cuando consideras todo el escenario, la mujer parece estar a la defensiva, el hombre de la izquierda probablemente es engañoso, ambos hombres están planeando irse, y no hay signos de acuerdo entre las tres personas.

Cómo Miras y Mueves la Cabeza

Lo mismo ocurre con la orientación de los pies y el torso, apuntando la cabeza hacia un objeto o una persona muestra interés, mientras que apuntar en dirección opuesta sugiere otra cosa. Este gesto es más fácil de notar, por lo que estamos más familiarizados con él. También solemos mirar la cabeza de una persona más que sus pies o torso.

Dado que el pie, torso y cabeza pueden moverse individualmente, debemos leer el gesto general en grupos para una interpretación más precisa del mensaje detrás de las señales. La otra persona puede mirar alrededor para ver si hay otras personas presentes e invitarlas a la conversación. Sin considerar los otros gestos que rodean la situación, puedes interpretar esto erróneamente como una falta de interés.

Mostrando la entrepierna mientras se señala con el pie.

Este gesto se aplica solo a los hombres y es una variación de la exhibición de entrepierna de pie, pero con la adición de un pie apuntando hacia la otra persona. Este lenguaje corporal, cuando es adoptado por un hombre, a menudo implica confianza y el deseo de mostrar que es igual o superior a la otra persona. También puede demostrar interés.

Mostrando la inclusión o exclusión de otras personas

En un grupo de tres personas de pie y conversando, puedes leer su orientación corporal para saber quiénes están incluidos en el grupo y quién queda excluido. Si notas que dos personas en el grupo se enfrentan directamente entre sí mientras la tercera persona está aislada, esto podría indicar que no están interesadas en esa persona y preferirían que se marchara del grupo. A veces, puede ser todo el cuerpo haciendo el gesto y, en algunas situaciones, solamente el torso o el pie. Por eso es necesario aprender a interpretar los gestos en conjunto.

Cómo mantienes contacto visual

Se dice que los ojos son la parte más expresiva del cuerpo humano. Esto los convierte en una parte importante del estudio del lenguaje corporal. Para mostrar intención o interés, el contacto visual es esencial. También puedes mirar a los ojos de la otra persona y ser capaz de interpretar los significados ocultos detrás de sus palabras.

Es un hecho conocido que el contacto visual adecuado puede ayudar a mejorar la comunicación. Quitarse las gafas de sol al hablar con alguien es crucial si deseas que la conversación sea más personal y emocional. En un estudio, los policías que se quitan las gafas de sol al interrogar a otras personas reciben más cooperación que aquellos que no lo hacen.

Mostrar interés o intención requiere contacto visual directo.

Evitarlo usualmente implica timidez, desinterés, sumisión, ser problemático, o incluso posible engaño.

Movimiento Ocular

El movimiento de los ojos también se puede utilizar para mostrar intención o interés, o la falta de ello. La posición de los ojos durante una conversación puede decir mucho sobre lo que la otra persona está pensando. Se han realizado varios estudios sobre el movimiento de los ojos y su papel en el lenguaje corporal. Uno de esos modos es PNL. Pero al igual que otros gestos, se debe interpretar solo como parte de un conjunto. Aquí están los movimientos o posiciones comunes de los ojos y sus posibles significados:

Arriba y a la izquierda - imágenes visuales construidas

Arriba y a la derecha - imágenes visuales recordadas

Izquierda - sonidos construidos

Centro - visualización

Correcto - sonidos recordados

Abajo y a la izquierda - cinestésico, sensaciones corporales, tacto

Abajo y a la derecha - auditivo, diálogo interno.

Una exploración más profunda del papel de los ojos en el lenguaje corporal se discute en un capítulo dedicado a la oculesística.

Capítulo 19 - Influir en tus emociones utilizando el lenguaje corporal

Has aprendido que saber leer o interpretar el lenguaje corporal puede ayudarte a entender mejor a otras personas y hacer cambios en tus propias señales no verbales permite una mejor comunicación. Resulta, sin embargo, que el lenguaje corporal y el cerebro tienen una relación de doble vía. Esto significa que en lugar de que tus emociones influyan en tu lenguaje corporal, el lenguaje corporal puede influir en las emociones. Discutamos algunos casos de ejemplo.

Sonriendo

Es un hecho que cuando estás experimentando ciertas emociones como la felicidad, tu cuerpo también experimenta cambios biológicos que pueden hacer que tu corazón lata más rápido, que sudes más de lo normal, o que se mueva un músculo involuntario llamado músculo cigomático mayor que te hace sonreír.

¿Pero sabías que también funciona al revés? Cambiar el estado de músculos faciales particulares como el músculo cigomático mayor al sonreír conscientemente desencadena la emoción que está asociada con la expresión, que en este caso es la alegría y la felicidad.

Este fenómeno se conoce como la hipótesis de retroalimentación facial. Charles Darwin, uno de los mayores pensadores y científicos del mundo, también sugirió este fenómeno al indicar que los cambios fisiológicos pueden afectar directamente a las emociones.

Para probar esta hipótesis, se realizó un estudio en 1988 por Strack, et al. En este estudio, se instruyó a los sujetos a adoptar una expresión dada pero sin la emoción correspondiente. Tampoco se les informó sobre cuál era el propósito del experimento para evitar sesgos.

En este ingenioso estudio, a los sujetos se les dijo que la investigación trataba de determinar qué tan difícil es para las personas sostener algo sin usar las manos. Los sujetos fueron divididos en tres grupos.

El primer grupo recibió instrucciones de sostener sus bolígrafos con los labios. Esto forzaba la expresión de un ceño fruncido.

El segundo grupo sostenía el bolígrafo con los dientes. Esto forzaba la expresión de una sonrisa.

El tercer grupo sirvió como control y se les instruyó simplemente sostener sus bolígrafos usando sus manos no dominantes.

Todos los sujetos calificaron la dificultad de sostener el bolígrafo. Para la prueba real, a los sujetos se les mostró un cortometraje de dibujos animados y se les pidió que calificaran qué tan divertido fue el dibujo animado. Aquellos que sostuvieron sus bolígrafos con los dientes registraron la calificación de diversión más alta entre los tres grupos. Esto enfatiza el dicho 'sonríe y el mundo entero sonríe contigo'. Sonreír te hace feliz y también hace felices a los demás. Y cuando ves que ellos están felices, tú te vuelves aún más feliz.

Ira

Otra emoción fuerte pero con una connotación negativa es la ira. Intenta este experimento. Haz una expresión facial que muestre descontento o ira arrugando o frunciendo las cejas. Esto activará el músculo llamado el corrugador del superciliar.

¿Cómo te sientes al leer esta oración? Cuando haces una expresión facial de enojo, el cerebro recibe las señales de los músculos comprometidos y concluye que debido al estado del músculo, debes estar enojado o molesto. Al adoptar un estado físico en particular, como el enojo en este caso, tu estado emocional también se ve afectado.

Un estudio incluso mostró que cuando haces una cara enojada, te vuelves más crítico y más difícil de complacer. En un estudio, a los sujetos se les hizo fruncir el ceño mientras miraban imágenes de algunas personalidades famosas. Los resultados del experimento mostraron que cuando los sujetos fruncían el ceño, estaban menos impresionados por las celebridades y las consideraban no tan famosas.

En otro estudio, en lugar de forzar las cejas fruncidas, se colocó una venda elástica en las frentes de los sujetos de prueba creando artificialmente una expresión facial de enojo sin esfuerzo por parte de los sujetos. Luego se les hizo calificar objetivos neutros. Y a pesar de que las cejas fruncidas eran artificiales, la expresión facial aún tenía el mismo efecto en cómo los sujetos juzgaban las cosas.

Entonces, deja de fruncir el ceño y sonríe en su lugar.

Confianza

En lenguaje corporal, la confianza se muestra frecuentemente con una postura recta, el pecho hacia afuera, la cabeza erguida y la barbilla levantada. Cuando te encorvas, puede implicar falta de autoestima.

En otro estudio, los sujetos de prueba fueron divididos en dos grupos y uno fue hecho sentarse erguido mientras que el otro grupo estaba en una postura encorvada. Luego se les hizo llenar un formulario de solicitud de empleo. En este formulario, se les pidió que enumeraran sus fortalezas y debilidades personales relacionadas con el trabajo. También se les preguntó si se consideran aptos para el trabajo utilizando un sistema de calificación.

El experimento demostró que aquellos que adoptaron la posición encorvada se sintieron menos seguros de sí mismos y también se calificaron a sí mismos como menos aptos para el trabajo. Una vez más, esto es una prueba de que la forma en que te presentas puede tener un efecto significativo en tus pensamientos y emociones internas.

Conclusión

El lenguaje corporal es un campo emocionante e importante. Puede ayudarte a mejorar cómo te comunicas con los demás porque podrás interpretar lo que realmente están tratando de decir.

Usando las señales corporales correctas, puedes mostrar entusiasmo y atención. También puedes usarlas para influir en el estado de ánimo de otras personas.

Con el conocimiento que has adquirido de este libro, podrás determinar si alguien que conoces está tratando de engañarte. También podrás pasar por reuniones personales o profesionales con confianza.

La clave es el uso constante y la monitorización del lenguaje corporal. Buscar señales no verbales debería volverse algo natural para ti.

Espero que puedas poner en práctica las lecciones de este libro y obtener los resultados que deseas.

Gracias.

www.ingramcontent.com/pod-product-compliance
Lightning Source LLC
Chambersburg PA
CBHW072057110526
44590CB00018B/3210